Konfliktmanagement im Unternehmen

Stephan Proksch

Konfliktmanagement im Unternehmen

Mediation als Instrument für Konflikt- und Kooperationsmanagement am Arbeitsplatz

 Springer

Stephan Proksch
Nusswaldgasse 13/2
1190 Wien
Austria
Stephan.Proksch@trialogis.at

ISBN 978-3-642-12222-4   e-ISBN 978-3-642-12223-1
DOI 10.1007/978-3-642-12223-1
Springer Heidelberg Dordrecht London New York

Die Deutsche Nationalbibliothek verzeichnet diese Publikation in der Deutschen Nationalbibliografie; detaillierte bibliografische Daten sind im Internet über http://dnb.d-nb.de abrufbar.

Einbandentwurf: WMXDesign GmbH, Heidelberg

Gedruckt auf säurefreiem Papier

Springer ist Teil der Fachverlagsgruppe Springer Science+Business Media (www.springer.com)

Vorwort

Dieses Buch zeigt, dass Spannungen, Differenzen und Konflikte in Unternehmen und Organisationen der Normalfall, notwendig und produktiv sind, wenn sie ernst genommen werden und die Beteiligten Mitarbeiter und Führungskräfte einen aktiven Umgang damit finden.

Ich habe dieses Buch für alle geschrieben die nach neuen Möglichkeiten suchen, schwierige Situationen, Differenzen und Konflikte zu bewältigen. Führungskräfte und Mitarbeiter in Organisationen erhalten hier Anregungen und Methoden, Probleme effektiv und nachhaltig zu lösen. Um die Relevanz der dargestellten Inhalte für die Praxis zu unterstreichen wird jedes Kapitel von einem Beispielfall umrahmt.

Nach einer allgemeinen Einführung in das Thema Konflikt gehe ich auf die klassischen bzw. herkömmlichen Methoden der Konfliktbearbeitung ein. Darauf folgt eine Erörterung der neueren, ich nenne sie komplementären Methoden. Der zentrale Ansatz zur Konfliktbearbeitung, die Mediation, wird unter dem Aspekt der Anwendbarkeit für Führungskräfte und Mitarbeiter in Organisationen dargestellt. Im Anschluss daran gehe ich auf die Gesprächstechniken zur Konfliktbearbeitung sowie die Fragetechnik ein. Schließlich widme ich die letzten beiden Kapitel der Einführung eines unternehmensinternen Konfliktmanagementsystems und stelle danach zwei Praxisfälle einer gelungenen Einführung dar.

Folgenden Personen möchte ich für die aktive Unterstützung dieses Buchprojektes herzlich danken:

Meiner Frau Sabine für die geduldige Durchsicht und Verbesserung des Manuskripts.

Meinen Partnern bei Trialogis Gerhart C. Fürst und Barbara Wurz für ihre inhaltlichen Anregungen.

Ingrid Schön, Erich Laminger und Peter Melzer sowie Elisabeth Kirchmeir für die Durchsicht und die Anregungen zur Verbesserung des Manuskripts.

Robert Fucik für die Gestaltung der humorvollen Karikaturen.

Wien, Austria   Stephan Proksch

Inhaltsverzeichnis

Kapitel 1
Konflikte erkennen und klären

Dieses Kapitel beinhaltet eine Einführung in das Thema dieses Buches, Konfliktmanagement im Unternehmen: Was ist ein Konflikt, woran erkennt man ihn und welche Arten von Konflikten gibt es? Welche Probleme können durch Konflikte entstehen und welchen Nutzen haben sie? Zudem gebe ich erste Hinweise für den Umgang mit schwierigen Gesprächssituationen.

1.1 Eiszeit zwischen Unternehmensgründern

Geschäftsführer Schneider kämpft seit Monaten mit einem schmerzhaften Magengeschwür. Sein Arzt hat ihm einen längeren Urlaub empfohlen. Doch wer soll hier die Arbeit machen? „Meinem Co-Geschäftsführer werde ich die Projekte sicher nicht anvertrauen. Das ist viel zu riskant. Er hält sich an keine Termine. Kunden kann man nicht einfach so vertrösten!"

Er rührt nervös in seinem Tee. Kaffee ist verboten. Ich spüre Verbitterung und Resignation. Vor sechs Jahren haben Schneider und Holzmann das technische Büro gemeinsam aufgebaut. Rasch stellte sich Erfolg ein. Jeder vergrub sich in seinen Projekten. Es blieb keine Zeit mehr für die regelmäßigen Gespräche und den fachlichen Austausch. Irgendwann häuften sich dann die Missverständnisse, was dazu führte, dass sich beide noch mehr zurückzogen.

Die Firma war inzwischen auf etwa fünfundzwanzig Mitarbeiter angewachsen. Leider ist die Fluktuation hoch, weil den Kollegen eindeutige Richtlinien und eine geschlossen agierende Geschäftsführung fehlt.

Zwei Tage später führe ich ein Gespräch mit Holzmann: „Ich werde mich nicht länger von ihm vor vollendete Tatsachen stellen lassen!" sagt er betont langsam. „Als ich am vergangenen Montag ins Büro kam, hatte er den Kopierer umgestellt. Ich muss nun quer durch das Sekretariat gehen. Von Partnerschaft kann hier keine Rede mehr sein! Vergangenen Sommer haben wir einen unserer wichtigsten Kunden verloren. Wir hatten dadurch einen deutlichen Umsatzeinbruch. Ich hätte das verhindern können, weil ich mit dem Kunden immer schon eine sehr gute

S. Proksch, *Konfliktmanagement im Unternehmen*,
DOI 10.1007/978-3-642-12223-1_1, © Springer-Verlag Berlin Heidelberg 2010

Gesprächsbasis hatte." Nach einer Pause fügte er hinzu: „Aber er macht lieber alles alleine!"

Darstellungen wie diese sind keine Seltenheit. Immer wieder erlebe ich, dass Arbeitskollegen „die Kommunikation abhanden kommt", und irgendwann stellen sie fest, dass sie nicht mehr in der Lage sind, miteinander zu reden oder gar gemeinsam Probleme zu lösen. Ärger und Wut stauen sich auf, und plötzlich stehen sie vor einer Mauer, die sie nicht mehr überwinden können.

1.2 Konflikte kommen oft auf leisen Sohlen

Wie erkennen Sie Konflikte rechtzeitig, bevor sie eskalieren und Verletzungen und Narben hinterlassen? Da Konflikte häufig nicht offen ausgetragen werden, sind sie meist nur durch ihre Symptome erkennbar. Dazu zählen[1]:

- Widerstand, Ablehnung: Der Versuch, den Konfliktgegner bewusst oder unbewusst an der Erreichung seiner Ziele zu hindern, indem Arbeiten schlampig ausgeführt oder Informationen nicht weitergegeben werden.
- Rückzug, Desinteresse: Beim Konfliktbetroffenen schwinden die Arbeitsmotivation sowie das Bedürfnis, sich menschlich zu öffnen. Man spricht auch von „innerer Kündigung".
- Feindseligkeit, Gereiztheit, Aggressivität: Der Ärger, der zunächst hinuntergeschluckt wird kommt plötzlich und unvermittelt an anderer Stelle zum Ausbruch.
- Intrigen, Gerüchte: Manchmal wird versucht, durch Intrigen oder Gerüchte die Gegenpartei zu behindern und schlechtzumachen und gleichzeitig andere Personen für sich zu gewinnen.
- Sturheit, Uneinsichtigkeit: Es schwindet die Empathie, die Fähigkeit, sich in Probleme und Sichtweisen des Anderen hineinzuversetzen. Man kapselt sich innerlich ab. Der eigene Standpunkt wird über das Interesse des Unternehmens gestellt.
- Formalität, Überkonformität: Im Konflikt zeigen untergeordnete Personen gegenüber Vorgesetzen ein Übermaß an Formalität und Konformität.
- Körperliche Symptome, Krankheit: Konflikte sind oft mit körperlichen Reaktionen verbunden. Die häufigsten sind Kopfschmerzen, Magenbeschwerden und Schlaflosigkeit. Daraus resultieren hohe Fehlzeiten und Fluktuation.

Solche Symptome sind oft nicht eindeutig erkennbar und werden von den Betroffenen meist negiert. Verlassen Sie sich daher auf Ihr Bauchgefühl. Viele von uns sind dazu erzogen, als „rationale" Menschen den Alltag zu bewältigen. Dabei bleibt oft die andere Seite des Ich, die emotionale Seite, auf der Strecke. Dabei ist diese eine bedeutende Orientierungshilfe in Situationen, wo der nüchterne Verstand versagt.

Wenn Spannungen oder Konflikte „in der Luft liegen", dann spüren Sie es. Ein unangenehmes Gefühl in der Magengegend, ein innerer Widerstand etwas Bestimmtes zu tun. Dabei ist es wichtig, diese Wahrnehmung ernst zu nehmen und

---

[1] Poje (2009)

ihr nachzugehen. Sie sollten dies nicht verdrängen oder mit einem vernünftigen
Argument „wegrationalisieren". Fragen Sie sich, was dieses Gefühl bedeutet. Wenn
dieses Gefühl mit einer Person zusammenhängt, dann suchen Sie das Gespräch.

Ein klärendes Gespräch kann helfen, einen Konflikt rechtzeitig abzufangen und
die beschädigte Vertrauensbasis wiederherzustellen. Oft ergeben sich aus einem solchen Gespräch neue Möglichkeiten. Es lohnt sich also, den inneren Widerstand zu
überwinden und auf den jeweiligen Kollegen[2] zuzugehen.

1.2.1 Wie führen Sie ein klärendes Gespräch?

In einer heiklen Situation, wenn das Gesprächsklima bereits belastet ist, wenn Sie
etwas Unangehmes besprechen oder Feedback geben müssen empfiehlt es sich,
folgende Faustregeln zu beachten:

- 4 Augen-Gespräch
- Ich-Botschaften
- Themen konkret ansprechen
- Beziehungsebene aktivieren
- Zuhören und Verstehen
- Klare Vereinbarungen schließen

Schlagen sie ein 4-Augen Gespräch in einer ruhigen und ungestörten Atmosphäre
vor. Wenn sie Ihr Anliegen ansprechen, dann tun Sie dies in der Ich-Form. Der
Vorteil der „Ich-Botschaft" liegt darin, dass Sie Ihrem Gegenüber keinen Vorwurf
machen, sondern über sich selbst sprechen. Sie sagen der Kollegin nicht, wie sie sich
zu verhalten hat und greifen nicht in ihre Autonomie ein. Sie äußern einen Wunsch.
Welche Konsequenzen sie daraus zieht, bleibt ihre Entscheidung.[3]

Ein Beispiel: Statt „. . .Ihre Äußerung in der Sitzung vergangenen Freitag war
ziemlich unpassend. . .." könnten Sie besser sagen: „. . .Ihre Äußerung in der Sitzung
vergangenen Freitag bezüglich x hat mich überrascht. Ich bin nicht sicher, ob ich Sie
richtig verstanden habe. . .."

Sprechen Sie die Themen, die Sie stören, konkret an und machen Sie keine vagen
Andeutungen. Untermauern Sie Ihre Punkte mit beschreibenden Beobachtungen.
Ziehen Sie keine allgemeinen Schlüsse (. . ."Sie sind unzuverlässig. . .") sondern
bleiben Sie bei Ereignissen die Sie erlebt haben und was das bei Ihnen bewirkt
hat. Die Schlüsse zieht ohnehin Ihre Gesprächspartnerin.

Bleiben Sie sachlich, aber stehen Sie auch zu Ihren Emotionen („. . .das hat
mich irritiert. . . oder: . . .Ich fühlte mich vor den Kopf gestoßen. . ..oder: Ich war
enttäuscht. . .."). Übertriebene Sachlichkeit kann leicht Aggressionen wecken wenn
das Gefühl entsteht, sie versuchen etwas zu verdrängen oder zu unterdrücken.
Emotionen zu artikulieren macht es dem Gegenüber leichter, sich zu öffnen und
auf der Beziehungsebene eine Gesprächsbasis herzustellen.

---

[2]Da sich die Inhalte dieses Buches auf weibliche wie männliche Leser gleichermaßen beziehen
verwende ich abwechselnd die weibliche und die männliche Form.

[3]siehe dazu auch Kap. 5 Mediationstechniken.

Zuhören und Verstehen: Hören Sie mehr zu als Sie selbst sprechen und versuchen Sie, die Argumente des Gegenübers wirklich zu verstehen. Fragen Sie nach, falls Sie sich nicht sicher sind. Durch Nachfragen stellen Sie Sicher, dass Sie mit Ihrer Gesprächspartnerin im Kontakt sind und dass sie sich verstanden fühlt.

Schließlich sollten Sie das Gespräch mit klaren Vereinbarungen abschließen. Auf diese Weise werden Missverständnisse darüber ausgeschlossen, wie es mit dem besprochenen Thema weitergeht und Sie können bei einem allfälligen weiteren Gespräch auf die getroffenen Vereinbarungen zurückkommen.

1.2.2 Was ist ein Konflikt?

Was meinen wir eigentlich, wenn wir von einem Konflikt sprechen? Der Begriff „Konflikt" wird zwar häufig verwendet, aber die Bedeutung des Begriffes ist sehr uneinheitlich. Soldaten verstehen unter dem Begriff Konflikt eine bewaffnete Auseinandersetzung. Computerfachleute sprechen von einem Konflikt, wenn zwei EDV-Programme nicht mit einander vereinbar sind.

Im Wirtschaftsleben verstehen wir unter einem Konflikt ein soziales Phänomen, das entsteht, wenn Menschen interagieren und gemeinsame Ziele verfolgen. Eine Differenz beginnt oft dann, wenn zwei Personen bzw. Parteien unterschiedliche Interessenslagen haben. Ein potenzieller Konflikt entsteht daraus, wenn sie sich bei der Verfolgung ihrer Ziele gegenseitig blockieren. Doch selbst dann sprechen wir noch nicht von einem tatsächlichen Konflikt, sondern allenfalls von einer „angespannten Situation", die im günstigsten Fall durch eine Verhandlung oder eine Entscheidung gelöst wird. Ein Konflikt entsteht dann, wenn zu dem Sachproblem noch ein Beziehungsproblem hinzutritt (siehe Abb. 1.1).

Früher wurde Konflikt oft mit Kampf gleichgesetzt. Auch heute noch handeln manche Menschen so, also ob Kampf die einzige Verhaltensmöglichkeit in Konflikten wäre. Es beginnt sich allerdings immer mehr ein Verständnis von Konflikt durchzusetzen, welches die konstruktive Auseinandersetzung und somit auch die Möglichkeit des Konsens und der Kooperation in den Vordergrund stellt. Konflikte bergen nicht nur zerstörerisches Potenzial, sondern sie bieten auch eine Reihe von Chancen für Veränderung, Entwicklung und Innovation.[4]

Abb. 1.1 Zwei Elemente eines Konflikts

---

[4]Bonacker (2002) und Schwarz (2001).

Unter einem Konflikt verstehe ich also ein zwischenmenschliches Phänomen, das durch die Verbindung eines Sachproblems mit einem Beziehungsproblem charakterisiert ist.

Dieses Buch soll Möglichkeiten aufzeigen, wie es gelingen kann, die negativen Aspekte von Konflikten zu überwinden und das kreative Potenzial von Konflikten zu erschließen.

1.3 Die wichtigsten Arten von Konflikten

Häufig taucht die Frage auf: Welche Formen von Konflikten gibt es und wie geht man mit ihnen um?

Jeder Konflikt hat eine Vielzahl unterschiedlicher Facetten. Häufig ist das, was von den Parteien als „Hauptproblem" dargestellt wird, nicht der Kern des Konfliktes. Oft muss man, wenn man einen Konflikt lösen will, zum Kern des Konfliktes vorstoßen, bevor die Lösung des eigentlichen Problems möglich wird. Erst dann stellt sich die Frage: Wie fange ich es an, den Konflikt zu lösen?

Entsprechend den Ursachen lassen sich fünf Grundformen von Konflikten unterscheiden[5]:

- Sachverhaltskonflikte
- Interessenskonflikte
- Beziehungskonflikte
- Wertekonflikte
- Strukturkonflikte

1.3.1 Sachverhaltskonflikte

Sachverhaltskonflikte sind solche, die durch unterschiedliche, mangelhafte oder falsche Informationen sowie durch unterschiedliche Interpretation dieser Informationen hervorgerufen werden. Als einfaches Beispiel lässt sich ein Verkehrsunfall mit Sachschaden anführen.

Wie geht man mit Sachverhaltskonflikten um? In diesem Fall genügt es meistens, eine Lösung ausschließlich auf der Sachebene zu suchen: Informationen zu vervollständigen, Fakten zu klären, Übereinstimmung über die Bewertung der Tatsachen herzustellen, gegebenenfalls nach Kriterien zur Bewertung der Fakten zu entwickeln oder auch unabhängige Experten beizuziehen. Letztendlich geht es nur darum, wer wem den Schaden in welcher Höhe ersetzt. Emotionen, die in (reinen) Sachverhaltskonflikten auftauchen, sind nach einer Klärung meist schnell verpufft.

---

[5]Moore (1986) und Besemer (1999).

1.3.2 Interessenskonflikte

Hier geht es nicht um Fakten, sondern um unterschiedliche Interessenslagen. In einem Nachbarschaftskonflikt zwischen einem Lokalbesitzer und einem Anrainer wegen Lärmbelästigung hat Ersterer ein berechtigtes Interesse an zahlreichen Gästen und damit verbunden vielleicht an musikalischer Untermalung während der Zweitere ein berechtigtes Interesse an Ruhe hat.

Bei dieser Art von Konflikten ist es zunächst erforderlich, die Interessen beziehungsweise die Bedürfnisse herauszuarbeiten. Diese verbergen sich hinter den Positionen der Personen oder Parteien. Wenn die berechtigten Interessen freigelegt sind, ist es leichter, eine Lösung zu finden, weil Bedürfnisse nicht spezifisch sind und somit vielfältige Lösungen möglich werden.

Versuchen Sie also herauszufinden, welche Bedürfnisse hinter den Argumenten versteckt sind, und sprechen Sie anschießend darüber, wie diese Bedürfnisse befriedigt werden können. Dadurch ergeben sich häufig Lösungen, an die man zuvor noch nicht gedacht hat. Versuchen Sie das Themengebiet zu erweitern und denken Sie auch über Möglichkeiten für „Tauschgeschäfte" nach.

1.3.3 Beziehungskonflikte

Diese Form der Konflikte hat ihre Ursache in Problemen, die emotionaler Natur sind. Diese Konflikte gehen auf Gefühle wie Angst, Frustration, Neid und dergleichen oder schlicht auf enttäuschte Erwartungen oder wiederholte Missverständnisse zurück.

Wenn beispielsweise einem Kollegen Pünktlichkeit sehr wichtig ist und ein anderer es mit der Pünktlichkeit nicht so genau nimmt, mag das im beruflichen Alltag nicht weiter auffallen, aber zwischen den beiden kann ein Beziehungskonflikt entstehen, weil der Eine die Unpünktlichkeit des Anderen als Geringschätzung seiner Person auffasst.

Bei dieser Art von Konflikten ist es zunächst nicht sinnvoll, auf die sachlichen Streitinhalte einzugehen. Stattdessen muss – in geregelter Form – den Emotionen Raum gegeben werden. Die Streitparteien müssen die Gelegenheit erhalten, ihre Gefühle auszusprechen, vielleicht Dampf abzulassen. Die dahinterliegenden Wünsche und Bedürfnisse sollten von den Streitparteien verstanden werden. Erst dann kann man auf die Sachthemen zurückkommen.

1.3.4 Wertekonflikte

Konflikte um Werte entstehen dann, wenn unterschiedliche Wertvorstellungen und Grundsätze aufeinander prallen. Ein klassisches Beispiel sind verschiedene religiöse Normen. Aber auch auf weniger grundlegender Ebene können beispielsweise Werte wie Seniorität auf der einen Seite und Leistungsorientierung auf der anderen Seite mit einander in Konflikt geraten. In den meisten Organisationen stellen beide Prinzipien – in unterschiedlicher Gewichtung – einen Wert dar. Vereinfacht gesagt lautet die Frage: Was gilt mehr, die Dauer der Zugehörigkeit zur Organisation oder die Leistung?

Wertekonflikte können dann gelöst werden, wenn eine gemeinsame Wertebasis gefunden werden kann. Auf dieser Grundlage kann anschließend nach Lösungen für den bestehenden Konflikt gesucht werden. Manchmal muss man tiefer schürfen, bis dies gelingt. Kann keine gemeinsame Gesprächsbasis hergestellt werden, dann muss eine übergeordnete Stelle oder ein Gericht eine Entscheidung treffen.

1.3.5 Strukturkonflikte

Diese Konfliktform unterscheidet sich von den anderen Konfliktarten dadurch, dass sie nicht auf Differenzen zwischen Personen, sondern auf Differenzen zwischen strukturellen Gegebenheiten zurückzuführen sind. Zwischen dem Vertrieb und der Produktion in einem Unternehmen besteht in der Regel ein Spannungsfeld, ein latenter Konflikt, weil sie unterschiedliche Prioritäten setzen und verschiedene Ziele verfolgen. Zwischen zwei gegnerischen Anwälten in einem Prozess besteht ein Spannungsfeld, weil sie aufgrund der Logik des Systems miteinander einen Konflikt austragen. Es handelt sich in beiden Beispielen um gewollte, systemimmanente, also strukturelle Konfliktsituationen.

Bei Strukturkonflikten gibt es in der Regel keine endgültige Lösung, weil die Problemstellung, da sie systemimmanent ist, nicht vollständig aufgelöst werden kann. Die Lösungssuche sollte sich daher darauf konzentrieren, Regulative und Abstimmungsprozesse zu entwickeln, um diese dauerhafte Spannungssituation konstruktiv zu handhaben.

1.4 Konflikte im Unternehmen: Fluch oder Segen?

Konflikte verschlingen zwei wertvolle Ressourcen: Zeit und Geld. Bis zu einem gewissen Grad sind diese Kosten unvermeidlich, denn es braucht beide genannten Ressourcen um konkurrierende Ziele und Interessen auf einen gemeinsamen Nenner zu bringen. Wenn dies gelingt, sind Konflikte sogar nützlich.

1.4.1 Risiken von Konflikten

Zu einem wirtschaftlichen Problem werden Konflikte dann, wenn sie eskalieren, sich zu einem Machtkampf auswachsen oder zu einem „kalten Konflikt" gefrieren, der eine Organisation über Monate oder Jahre lähmt. Je höher in der Organisation ein solches Problem vorkommt, desto kostspieliger ist es, weil die darunterliegenden Hierarchieebenen zwangsläufig mit hineingezogen werden. Ungelöste oder eskalierte Konflikte wirken sich in mehreren Bereichen aus[6]:

---

[6]Boes et al. (2008).

- Stress und Belastung der Mitarbeiterinnen: Konflikte werden von den Beteiligten als stressverursachend erlebt, weil sie mit Ängsten, Aggression, mangelnder Wertschätzung, Überforderung und ähnlichen Gefühlen verbunden sind. Daraus entstehen Produktivitätsverluste von bis zu 30%. Mittelfristig machen sich Demotivation, innere Kündigung und Absentismus breit.
- Zersplitterung von Teams: Konfliktgegner werden abgewertet und Verbündete aufgewertet. Es werden sogenannte In- und Outgroups gebildet. Es kommt zu passivem oder aggressivem Kommunikationsverhalten. Kollegen gehen einander aus dem Weg oder beleidigen einander. In manchen Fällen kommt es zu Unterschlagung, Diebstahl bis hin zu Vandalismus und feindseligem Verhalten. Dies kann beträchtlichen psychischen Personen- oder materiellen Sachschden verursachen.
- Unproduktiver Zeitaufwand: Die Konfliktaustragung nimmt einen beträchtlichen Anteil der Arbeitszeit in Anspruch: Mitarbeiterinnen unterhalten sich über den Konflikt, spekulieren über Ursachen und Zusammenhänge, suchen nach Informationen, Schuldigen oder Verbündeten, schmieden Pläne, fügen einander Schaden zu und dergleichen mehr.
- Fluktuation und Krankenstände: Lang andauernde Konflikte führen zu vermehrten Krankenständen, weil sich psychische Dauerbelastung früher oder später als physische Krankheit niederschlägt, frei nach dem Grundsatz: „Wenn die Seele nicht gehört wird, dann spricht der Körper". Bei bis zu 90% der Kündigungen durch Arbeitgeber sowie bei mindestens 50% der Kündigungen durch Arbeitnehmer werden chronisch ungelöste Konflikte als Ursache genannt. Sowohl Kündigung als auch Rekrutierung und Einschulung neuer Mitarbeiterinnen sind mit hohen Kosten verbunden.

Dies bedeutet allerdings nicht, dass Konflikte grundsätzlich negativ sind. Im Gegenteil: Spannungen und konstruktiv ausgetragene Konflikte sind ein wesentlicher Bestandteil lebendiger Arbeitsbeziehungen.

1.4.2 Nutzen von Konflikten

Konflikte haben eine Reihe von positiven Aspekten die für das Zusammenleben von Menschen und für die Weiterentwicklung der Gesellschaft von entscheidender Bedeutung sind.[7] Werden in Organisationen oder Staaten Konflikte unterdrückt, dann ist zumeist Stagnation die Folge.

Konflikte sind nicht die Ausnahme, sondern eher der Normalfall menschlichen Zusammenlebens. Die Art und Weise, wie es Gesellschaften gelingt, diese zu regeln, entscheidet darüber, wie erfolgreich sie ihre Probleme lösen und damit ihre Zukunft sichern können. Die positiven Aspekte von Konflikten sind:

---

[7]Schwarz (2001).

- Konflikte weisen auf Probleme hin
  Viele Probleme bleiben unerkannt, wenn sie nicht durch Konflikte sichtbar und spürbar werden. Es entsteht ein Spannungszustand, der Handlungsbedarf auslöst.
- Konflikte lösen Veränderungen aus
  Konflikte wollen gelöst werden, sonst bleiben die unangenehmen Begleiterscheinungen bestehen. Es werden Handlungen oder Entscheidungen getroffen, die Veränderungen auslösen (können) und dadurch Stillstand verhindern.
- Konflikte regen Interesse und Neugierde an
  Konflikte sind das Salz in der Suppe menschlichen Zusammenlebens. Dadurch entsteht Spannung, die Interesse und Neugierde fördert, und die Suche nach kreativen neuen Lösungen und Innovationen anregt.
- Konflikte vertiefen Beziehungen
  Die dauerhaftesten Beziehungen sind diejenigen, in deren Verlauf es gelungen ist, gemeinsam Konflikte zu bewältigen. Freundschaften die „durch dick und dünn" zusammenhalten sind solche, die Differenzen geklärt haben. Reibung erzeugt Wärme, die Vertrauen ermöglicht. Konfliktfreie Beziehungen bleiben oft an der Oberfläche.
- Konflikte stärken den Gruppenzusammenhalt
  Durch die konstruktive Auseinandersetzung lernen wir Präferenzen, mitunter auch Schwächen der Kollegen kennen. Dadurch können wir uns auf sie einstellen und es fällt leichter, zu ihnen Vertrauen zu entwickeln und auch zu den eigenen Schwächen zu stehen. Dadurch wird es möglich, auch unter Druck erfolgreich zusammenzuarbeiten.

Um einen Nutzen aus Konflikten zu ziehen, muss es allerdings gelingen, sie konstruktiv zu bearbeiten. Einige Ideen, Anregungen und Methoden dazu werden Sie in dem vorliegenden Buch finden.

1.5 Exkurs: Mobbing

Mobbing ist eine spezielle Konfliktform, die in Organisationen leider immer wieder vorkommt. Der Begriff Mobbing leitet sich von dem englischen Wort „Mob" ab, das „zusammengerotteter Pöbel" bedeutet. Unter Mobbing werden negative, feindselige Handlungen am Arbeitsplatz verstanden, die gegen eine Person gerichtet sind, systematisch betrieben werden und über einen längeren Zeitraum (mehr als ein halbes Jahr) ein- oder mehrmals pro Woche vorkommen.
Folgende Handlungen lassen sich als Mobbing-Handlungen klassifizieren[8]:

- Angriffe auf die Möglichkeit, sich mitzuteilen (z.B. durch ständiges unterbrechen oder ständige Kritik)
- Angriffe auf die sozialen Beziehungen (z.B. man spricht nicht mehr mit dem Betroffenen)

---

[8]Kolodej (2005).

- Angriffe auf das soziale Ansehen (z.b. man macht den Betroffenen lächerlich oder spricht hinter seinem Rücken schlecht über ihn)
- Angriffe auf die Qualität der Berufs- und Lebenssituation (z.b. man weist dem Betroffenen keine adäquaten Aufgaben zu oder gibt ihm sinnlose Aufgaben)
- Angriffe auf die Gesundheit (z.b. man droht dem Betroffenen Gewalt an oder verlangt gesundheitsschädliche Arbeiten)

Ursachen von Mobbing können struktureller Natur sein, wie starre Hierarchien, unklare Ziele oder hoher Zeitdruck, aber auch auf das Führungsverhalten von Vorgesetzten zurückzuführen sein, etwa durch Bevorzugung einzelner Personen oder durch mangelnde Kommunikation und Feedback.

Mobbing hat für die Betroffenen massive Folgen wie psychische und physische Beeinträchtigungen, die sich in unspezifischen Stresssymptomen zeigen und auf die Dauer bleibende Störungen hinterlassen können.

Führungskräfte haben eine arbeitsrechtlich verankerte Fürsorgepflicht gegenüber ihren Mitarbeitern, indem sie die Gesundheit der Mitarbeiter nicht gefährden dürfen. Sie müssen daher Mobbing aktiv unterbinden und beim Auftreten von Mobbing für Konsequenzen sorgen.

Betroffenen von Mobbing wird empfohlen, ein Mobbing-Tagebuch zu führen, in dem die Mobbing-Handlungen notiert werden. Es dient der Beweissicherung und dem Deutlich machen von Zusammenhängen. Darüber hinaus ist es wichtig, die Probleme frühzeitig und direkt anzusprechen, sich Verbündete zu suchen, den Vorgesetzten bzw. den Betriebsrat zu informieren und sich außerhalb der belasteten Situation moralischen und menschlichen Rückhalt zu sichern.

1.6 Eiszeit zwischen Unternehmensgründern: wie es weiterging. . .

Ich empfahl Schneider und Holzmann ein klärendes Gespräch unter vier Augen zu führen. Dieses Gespräch fand in einem Restaurant nahe des Büros in ruhiger Atmosphäre statt. Beide hatten sich darauf vorbereitet, indem sie sich vorher ihre wichtigsten Anliegen vor Augen geführt und ihre Zielsetzungen klar gemacht hatten. Darüber hinaus hatten sie sich Gedanken darüber gemacht, wo ihnen selbst Fehler unterlaufen waren.

Im Verlauf des Gespräch wurde Herrn Schneider klar, dass Herr Holzmann sich durch seine aktive und handlungsorientierte Herangehensweise in die Enge getrieben fühlte. Holzmann erkannte, dass wegen seiner genauen und detailverliebten Arbeitsweise Termine oft verschoben werden mussten und er dadurch Schneider beim Kunden in Argumentationsschwierigkeiten brachte.

Das Gespräch endete mit einer Übereinkunft hinsichtlich Arbeits- und Rollenverteilung. Zudem wurde ein wöchentlicher Jour Fixe eingeführt, bei dem aktuelle Projekte besprochen werden.

Abb. 1.2 Am Affenkäfig

Kapitel 2
Herkömmliche Methoden des Konfliktmanagements

In diesem Kapitel stelle ich die herkömmliche Einstellung zu Konflikten in Unternehmen dar, die bis heute die Sichtweise vieler Führungskräfte prägt, und wie traditioneller Weise Konflikte gelöst werden. Damit im Zusammenhang steht das Phänomen Macht in Organisationen und deren positive wie negative Ausprägungen. Daraus werden die vier grundlegenden Formen des Umgangs mit Konflikten: trennende, sachbezogene, personenbezogene und zusammenführende Formen entwickelt und deren Nutzen und Grenzen beschrieben.

2.1 Unterschiedliche Führungsstile im Leitungsteam

„Vor sechzehn Jahren habe ich Frau Braun mit ins Boot geholt. Sie war fleißig, ambitioniert und kam bei den Kunden gut an. Schließlich wurde sie meine rechte Hand. Ihre Karriere in der Organisation hat sie mir zu verdanken. Vor vier Jahren musste ich ins Ausland, um dort eine Tochtergesellschaft wieder auf Kurs zu bringen. Als ich vor einigen Monaten zurückkam war kein Stein mehr auf dem anderen! Sie war inzwischen zur Geschäftsführerin aufgestiegen. Ich sah in die Bücher und es traf mich wie der Blitz: wir waren 400.000 € im Minus! Ich hatte nur noch wenige Monate Zeit, die Organisation zu sanieren!"

Ich sitze Herrn Steiner gegenüber in seinem Büro. Er ist Geschäftsführer einer der führenden internationalen Non-Profit-Organisationen. Trotz seiner zweiundsechzig Jahre wirkt er sehr dynamisch, fast jugendlich. Er gilt als fähiger Finanzmanager und Controller, der die aktuellen Zahlen immer im Kopf hat. Bereits zwei Mal ist es ihm gelungen, eine Organisation vor dem Konkurs zu bewahren. Nach seiner Rückkehr streifte er sofort die Ärmel hoch und stürzte sich in die Arbeit. Alles wurde genau überprüft und hinterfragt.

Zwei Zimmer weiter treffe ich Frau Braun. Sie ist bekannt als eine talentierte Akquisiteurin und Projektmanagerin. Sie treibt Spendengelder auf, kommuniziert mit Journalisten und ist über beinahe jedes Projekt im Detail informiert. „Ich habe seine Rückkehr begrüßt und mich auch dafür eingesetzt. Wir waren früher ein gutes Team.

S. Proksch, *Konfliktmanagement im Unternehmen*,
DOI 10.1007/978-3-642-12223-1_2, © Springer-Verlag Berlin Heidelberg 2010

Aber ich glaube, er hat es nicht verkraftet, dass ich während seiner Abwesenheit Geschäftsführerin geworden bin. Unsere Beziehung hat sich rasch verschlechtert. Ich fühle mich plötzlich kontrolliert. Kleinigkeiten werden ohne mein Wissen abgeändert. Materialbestellungen gehen nur mehr über seinen Schreibtisch." Schließlich kam es bei einer Teambesprechung zur offenen Auseinandersetzung. Sie fühlte sich durch seine Fragen über ihre Auslandsflüge abgewertet und reagierte mit einer provokanten Bemerkung über seine Englischkenntnisse. Er verliess daraufhin die Sitzung.

Ab diesem Zeitpunkt dominierte das Misstrauen zwischen den beiden. Sie belauerten einander und man gewann den Eindruck, dass sie nur auf die richtige Gelegenheit warteten, den anderen bloßstellen zu können. Vordergründig lief das Geschäft weiter, hinter den Kulissen herrschten Feindseligkeit und Missachtung. Die Mitarbeiter litten unter dem schlechten Betriebsklima und die mittleren Manager fühlten sich wie Schachfiguren in einem Spiel, in dem es keine Gewinner gibt.

2.2 Die herkömmliche Einstellung zu Konflikten in Unternehmen

In der herkömmlichen Betriebswirtschaft wurde dem Phänomen Konflikt wenig Bedeutung beigemessen, weil Konflikte zumeist entweder

- als Zielkonflikt zwischen den grundsätzlich divergierenden Interessen von Arbeitgebern und Arbeitnehmern oder,
- als Störungen im geregelten Ablauf der Produktion bzw. der Arbeit oder,
- als Ausprägung von Machtkampf und Mikropolitik gewertet wurden,

und sich damit der rationalen Planung und Steuerung entzogen. Konflikte wurden als gefährliche Unsicherheitsfaktoren betrachtet, die möglichst schnell beseitigt werden mussten, um den regulären Betrieb aufrecht zu erhalten.

Diese Vorstellungen prägen bis heute die Einstellung und das Handeln vieler Führungskräfte und Mitarbeiter. Es ist daher sinnvoll, diese Konzepte genauer zu betrachten.

2.2.1 Konflike als Gegensatz von Arbeitgeber und Arbeitnehmer

2.2.1.1 Die Entwicklung der Polarität von Kapital und Arbeit

Im Zuge der Industriellen Revolution, die im 19. Jahrhundert den Übergang von der Agrar- zur Industriegesellschaft markierte, veränderte sich die soziale Struktur der Gesellschaft grundlegend. Während einerseits der Anstoß zur Beseitigung der Massenarmut erfolgte und das Durchschnittseinkommen stieg, entstanden andererseits neue soziale Gegensätze.

Angesichts der sozialen Ungleichheit und der unterschiedlichen Machtanteile in Politik und Wirtschaft, die mit dem Wirken sich selbstregulierender Marktkräfte legitimiert werden, bestand – und besteht – die Gefahr, dass diese Konflikte letztlich in systembedrohende gesellschaftliche Gegensätze umschlagen. Als elementare Konfliktursachen ließen sich starke ökonomische, politische und kulturelle Unterschiede feststellen. Sie erzeugten Konkurrenzkonflikte, die sich vielfach in Form von Verteilungskämpfen niederschlugen.[9]

Nach der Theorie von Karl Marx bringt die Schaffung von Mehrwert einen Interessensgegensatz zwischen den sogenannten Kapitalisten und der Arbeiterschaft hervor und zwar deshalb, weil der Gebrauchswert (der Wert, der durch den Einsatz von Arbeitskraft geschaffen werden kann) der Arbeit den Tauschwert übersteigt, der in Form von Löhnen gezahlt werden muss. Daher veranlasst das Streben nach Mehrwert (Profit) den Kapitalisten dazu, die Lohnkosten zu senken, was ihn unweigerlich in Konflikt mit der neu entstandenen Arbeiterklasse bringt.[10]

Die Anwendung des liberalen Wettbewerbsprinzips und des Dogmas der absoluten Vertragsfreiheit auf menschliche Arbeitsbeziehungen, die Auflösung der traditionellen sozialen Bindungen, die wirtschaftliche Ausbeutung und die Reduktion der Arbeit auf einen bloßen Produktionsfaktor sind ursächlich am Entstehen dieses gesellschaftlichen Konfliktpotenzials beteiligt. Im sogenannten Sozialdarwinismus soll das Gesetzt von Angebot und Nachfrage nicht nur das wirtschaftliche Geschehen, sondern auch die soziale Entwicklung regeln. Dieses Prinzip wird neben der Ökonomie auch den sozialen Beziehungen zwischen Menschen zugrundegelegt.

Als Gegenstrategie lag es für die Arbeiterklasse nahe, sich solidarisch zusammenzuschließen. So entstanden in den meisten Ländern Arbeiterparteien, welche sich die Erkämpfung und Wahrnehmung politischer Rechte, die Verbesserung der sozialen Stellung durch staatliche Maßnahmen sowie die Einigung der Arbeiterklasse und die Ausdehnung ihrer politischen Macht zum Ziel gesetzt hatten.

Die Hauptforderungen der Arbeiter waren fast in allen Ländern die gleichen:

- gesetzliche Regelung der Arbeitszeit
- Beschränkung der Frauen- und Kinderarbeit sowie der Nachtarbeit
- Gewährleistung des Streik- und Koalitionsrechtes
- Schaffung gesetzlich anerkannter Interessensvertretungen der Arbeiter
- Gewährung des freien, allgemeinen und geheimen Wahlrechts

Um diese Forderungen gegen den Willen der „Kapitalisten" durchzusetzen, entstanden Gewerkschaften, welche die Forderungen der Arbeiter mittels „betrieblicher Kampfmaßnahmen", also Streiks, durchzusetzen versuchten.

Ein Streik ist die aufgrund eines Kampfentschlusses der Arbeitnehmer planmäßig und gemeinsam durchgeführte Arbeitseinstellung oder –verschleppung zur

---

[9]Matis (1988).
[10]Morgan (2002).

Durchsetzung von Forderungen der Arbeitnehmer. Es gibt eine Reihe von unterschiedlichen Ausformungen des Streiks.[11] Von Arbeitgeberseite wurden eine Reihe von Gegenmaßnahmen entwickelt, zum Beispiel: Aussperrungen (Die Arbeitgeber heben zeitweilig die Arbeitsverhältnisse mit allen oder mit Teilen der Belegschaft auf. Die betroffenen Arbeitnehmer dürfen ihre Arbeitsstätten nicht mehr betreten und erhalten für die Zeit der Aussperrung keinen Lohn), Bildung „gelber Gewerkschaften" (Arbeitgeber unterstützen und fördern die Bildung von eigenen Gewerkschaften, die unter ihrem Einfluss stehen und eine Konkurrenz zu den etablierten Gewerkschaften bilden. Auf diese Weise versuche sie, die Arbeitnehmerseite zu schwächen) oder Kündigungsdrohungen. (Kündigungen sind allerdings nur möglich bei illegalen Streiks, da die Gewerkschaften mit einem gesetzlichen Streikrecht ausgestattet sind.)

Diese betrieblichen Kampfmaßnahmen bewirkten häufig allerdings eine Eskalation von Konflikten und führten dazu, dass sich die Konfliktparteien gegenseitig Schaden zufügten bis hin zu Gewaltausbrüchen, Kündigungen oder zum Konkurs von Unternehmen. Erst als die Regierungen durch das bloße Vorhandensein organisierter Arbeitermassen dazu gezwungen wurden, diese anzuerkennen und auch gesetzlich zu legitimieren, begann sich die Lage der Arbeiterschaft zu bessern. Beispielsweise entstanden in dieser Zeit – um 1900 – die staatlich getragenen Sozialversicherungssysteme sowie die ersten Ansätze einer Arbeiterschutzgesetzgebung.

2.2.1.2 Der „industrielle Konflikt" aus heutiger Sicht

In den meisten europäischen Ländern hat sich seit dem Zweiten Weltkrieg ein System industrieller Mitbestimmung entwickelt, das ausdrücklich die rivalisierenden Ansprüche auf Kapitaleigentum und -nutzung anerkennt, die auf der einen Seite von Kapitaleignern und auf der anderen Seite von Arbeitnehmern beansprucht werden kann. Bei diesem System bestimmen Eigentümer und Angestellte gemeinsam über die Zukunft ihrer Organisation, indem sie sich die Macht teilen und beide an Entscheidungsprozessen teilhaben.

Heute hat sich in Deutschland wie in Österreich das sogenannte „duale System" der industriellen Beziehungen entwickelt, bei dem die betriebliche Interessensvertretung durch gesetzlich geschützte Betriebsräte wahrgenommen wird, während sich die Gewerkschaften auf überbetrieblicher Ebene auf die Durchsetzung qualitativer und quantitativer Tarifpolitik im Rahmen ihrer Tarifautonomie[12] konzentrieren.

---

[11] Arten von Streiks (Matis 1988): Warnstreik (Kurzer Streik, oft während Tarifverhandlungen, zur Unterstreichung der Ernsthaftigkeit der Forderungen der Arbeitnehmer), Organisierter Streik (Von den Gewerkschaften entsprechend dem Streikreglement eingeleiteter und geführter Streik), Wilder Streik (Ein auf betrieblicher Ebene ohne Genehmigung der Gewerkschaft durchgeführter Streik), Generalstreik (Ein Streik aller Arbeitnehmer aller Branchen z.B. eines Landes, beispielsweise als Protest gegen Maßnahmen einer Regierung), Bummelstreik (auch „Dienst nach Vorschrift". Bei dieser Streikform versehen die Arbeitnehmer nur noch die vertraglich festgelegten Aufgaben und leisten keinerlei Mehrarbeit).

[12] Tarifautonomie: die Gewerkschaften handeln mit den Arbeitgebern bzw. deren Verbänden Tarifverträge frei und unabhängig ohne Einmischung von außen (z.B. des Staates) aus.

Tarifverträge stellen eine Form dar, den Konflikt zu institutionalisieren, ihm von den Konfliktparteien gemeinsam anerkannte Regeln zu geben, die Kosten für beide Parteien zu senken und ihn berechenbar zu machen. Für die Arbeitnehmer wird dadurch das Risiko, den Arbeitsplatz zu verlieren gesenkt und die Unternehmen erhalten Betriebsfrieden und langfristige Planungssicherheit.

In Österreich hat sich das sogenannte System der Sozialpartnerschaft herausgebildet, welches einen bedeutenden Beitrag zum sozialen Frieden und zum wirtschaftlichen Aufschwung geleistet hat. Die Sozialpartnerschaft wird getragen von drei zentralen Dachorganisationen, nämlich der Wirtschaftskammer Österreich, der Bundeskammer für Arbeiter und Angestellte und der Präsidentenkonferenz der Landwirtschaftskammern. Der Österreichische Gewerkschaftsbund und die Industriellenvereinigung sind mit ihr assoziierte freie Verbände.Im Rahmen der Sozialpartnerschaft gelang es zumeist, heikle und konfliktträchtige wirtschaftliche Themen einer konsensualen Lösung zuzuführen und damit heftige öffentliche Auseinandersetzungen zu vermeiden.

Zur Regelung dieses strukturellen Konfliktes zwischen Arbeit und Kapital wurden, im Laufe der Jahre eine Reihe von Mechanismen entwickelt, die im Allgemeinen auf bilateralen Aushandlungsprozessen basieren und sich zum Großteil bis heute bewähren. Davon kann auch aus der Perspektive des betrieblichen Konfliktmanagements einiges Positives wie Abschreckendes gelernt werden.

Die Idee, über die bilaterale Verhandlung hinauszugehen und zur Konfliktregelung einen neutralen Dritten beizuziehen ist nicht neu, obwohl sie noch zu selten in die Praxis umgesetzt wird. In der angloamerikanischen Literatur wird die Mediation (ebenso wie die Arbitration) als Mittel zur Beilegung von Streiks und Arbeitskämpfen bereits in den achtziger Jahren des zu Ende gegangenen Jahrhunderts empfohlen.[13]

In Mitteleuropa zeigt sich, dass die Konfliktparteien tendenziell der Beiziehung eines neutralen Dritten skeptisch bis ablehnend gegenüberstehen, weil sie fürchten, auf diese Weise viele Einflussmöglichkeiten aus der Hand zu geben.

Interessanterweise sind es nicht nur die Arbeitgeber, die ungern das Ruder der Konfliktsteuerung aus der Hand geben, sondern ebenso die Betriebsräte und Vertreter der Gewerkschaften. Diese fühlen sich oft als „Kämpfer für die Belegschaft", die durch Mediatoren oder neutrale Dritte in ihrem Einfluss und ihrem Handlungsradius beschränkt werden könnten.

Es wird oft argumentiert, dass durch direkte Partizipation der Arbeitnehmer – und die Mediation ist eine Methode partizipativen Managements – für den Betriebsrat eine Konkurrenzsituation entstehen kann, da die repräsentative, durch das Betriebsverfassungsgesetz geschützte Interessenvertretung unterminiert wird.

Andererseits bewerten viele diese Entwicklung jedoch nicht als Gefahr, sondern erhoffen sich größere Freiräume für die Bearbeitung neuer Aufgaben. Häufig tritt auch die Betriebsratsseite für eine stärker verhandlungsbasierte Interessenvertretung auf der Grundlage gesetzlicher Rahmensetzung ein.

---

[13]Fisher et al. (1990).

Insgesamt lässt sich feststellen, dass sowohl Arbeitgeber wie auch Arbeitneh-mer die Bedeutung der Mediation bzw. der Konfliktsteuerung durch neutrale Dritte noch nicht in ihrem vollen Potenzial erkannt haben. Dennoch ist diesbezüglich Op-timismus angebracht, weil im Zuge der starken Umbrüche und Veränderungen des wirtschaftlichen Umfeldes eine Neudefinition der tradierten Aufgaben von Mana-gement als auch des Selbstverständnisses der Betriebsräte wie der Gewerkschaften in Richtung zu mehr Partizipation unumgänglich ist.

Jedenfalls bleibt zu hoffen, dass der strukturelle Konflikt zwischen Unter-nehmensführung und Betriebsrat nicht zu sehr die Vielzahl anderer Konflikte in Unternehmen überschattet und dazu verführt, sie unreflektiert in diese Struktur zu pressen, wo sie auf einer stark formalisierten Ebene ausgetragen werden, anstatt individuell passende Lösungen zu entwickeln.

2.2.2 Konflikte als Störfaktor der „Maschinenorganisation"

Das Bild von Organisationen wurde bis in die neunziger Jahre hinein von einem technischen Verständnis geprägt. Die Organisation wurde als Maschine gedacht und entworfen.[14] Dieses Modell hat zweifellos seine ökonomischen Verdienste, brachte es doch Wirtschaftsaufschwung und Wohlstand. Auch heute noch funk-tionieren viele Fabriken, aber auch Dienstleistungsunternehmen wie zum Beispiel Schnellrestaurants nach dem gleichen Modell.

Dieses Modell ist charakterisiert durch zwei grundlegende Ordnungskriterien: die Aufbauorganisation (hierarchische Struktur) und die Ablauforganisation (Ge-schäftsprozesse). Der Aufbau, das „Skelett" des Unternehmens, regelt die formalen Arbeitsbeziehungen, sowohl in fachlicher wie in disziplinarischer Hinsicht. Jeder Mitarbeiter hat – in den meisten Fällen – einen Vorgesetzten, womit bereits ein ein-facher Konfliktlösungsmechanismus installiert ist, weil der Vorgesetzte befugt ist, bei Konflikten gegebenenfalls Entscheidungen zu treffen.

Die Ablauforganisation steuert die Wertschöpfung, also die Produkterstellung. Im modernen Prozessmanagement werden Prozesse computergestützt modelliert. Auf diese Weise können die kürzesten Wege, die effizientesten Arbeitsschritte errechnet und die Wertschöpfung optimiert werden.

Aus dieser Perspektive gesehen ist ein Konflikt nichts anderes als eine Störung im harmonischen Produktionsfluss, die so schnell als wie möglich zu beseitigen ist. Der Konflikt gefährdet die Stabilität, Sicherheit und Dauerhaftigkeit der Organisation.

Die Hierarchie stellt ein System dar, welches der Idee nach Konfliktfreiheit gewährleistet. Es gibt keine Konflikte, nur unbrauchbare Regeln, die, wenn die Unbrauchbarkeit sichtbar wird, ersetzt werden müssen. Treten dennoch Konflik-te auf, dann ist das ein Zeichen, dass jemand die ihm zugewiesene Aufgabe nicht ordnungsgemäß erfüllt.

---

[14]Scholz (1997) und Morgan (2002).

Dieser Aspekt der Hierarchie befreit dem Anspruch nach nicht nur von störenden Konflikten, sondern von allen irritierenden emotionellen Aspekten direkter Beziehung und Kommunikation zwischen den Mitarbeitern. Aber auch von positiven Beziehungen, in denen das Interesse der Personen aneinander das an der Arbeit überwiegen könnte. Die Emotionalität direkter Kontakte, welche den reibungslosen Ablauf der vorgesehenen Prozesse behindern könnte, tritt gegenüber der hierarchisch vorgegebenen Konzentration auf Sachlichkeit in den Hintergrund. Auch insofern stellt das hierarchische Organisationsprinzip eine große Abstraktionsleistung dar. Man ist in diesem System nicht mehr darauf angewiesen, ob man miteinander „kann" oder nicht. Man ist indirekt, über die Funktion, miteinander verbunden.[15]

In der traditionellen Betriebswirtschaft wird „Konfliktsteuerung" als „indirektes Führungsinstrument" beschrieben. Führungskräfte sollen demnach das harmonische Zusammenspiel der Produktionsfaktoren sicherstellen. Im Konfliktfall muss lediglich ein gewisses Maß an Übereinstimmung erreicht werden, selbst wenn diese darauf basiert, dass eine Seite überstimmt und zum Nachgeben gezwungen wird. Beim Vorliegen eines Konfliktes wird versucht, die Wahrheit über den vorliegenden Sachverhalt herauszufinden und danach eine Entscheidung getroffen, selbst wenn diese gegen den Willen einer Partei durchgesetzt werden muss.

2.2.2.1 Herkömmliche Methoden der Konfliktregelung

Da Konflikte als Risiko für die Organisation betrachtet wurden, mussten sie, wie erwähnt, möglichst rasch beseitigt werden. Hierarchische und „strukturelle" Lösungsmöglichkeiten waren und sind sehr beliebt, weil dadurch Konflikte eliminiert werden können, ohne sich mit dem Konflikt selbst beschäftigen zu müssen. Folgende Maßnahmen wurden und werden daher gerne eingesetzt[16]:

- Übergeordnete Ziele identifizieren/vorgeben: Durch die Vorgabe von übergeordneten Zielen werden Konfliktparteien gezwungen, über ihre Differenzen hinwegzusehen und zu lernen miteinander zu kooperieren, weil ihr Erfolg mit der Zielerreichung zusammenhängt. Mit anderen Worten: die wechselseitige Abhängigkeit, welche Voraussetzung für die meisten Konflikte ist, muss neu definiert werden.
- Hierarchische Unterschiede klar machen: Entweder kann eine Über- oder Unterordnung neu eingeführt oder eine bestehende Hierarchiedifferenz verdeutlicht werden. Dadurch wird die Entscheidungsvollmacht sowie die Verantwortung klar. Machtkämpfe werden auf diese Weise wirkungsvoll beendet.
- Ausweitung/Vermehrung der kritischen Ressourcen: Auseinandersetzungen um knappe Ressourcen gehören zu den häufigsten Konfliktursachen. Wenn die Ressourcen vermehrt werden, dann wird dem Konflikt die Grundlage entzogen, weil

---

[15]Buchinger (1988).

[16]Wagner und Hollenbeck (1992).

die wechselseitige Abhängigkeit verringert wird. Dies kann beispielsweise durch Umzug in größere Büroräumlichkeiten geschehen, wenn Platzmangel die Konfliktursache war oder durch Einstellung zusätzlicher Sekretariatskräfte, wenn der Bürosupport einen Engpassfaktor darstellte.

- Einrichtung von Pufferzonen: Mit Hilfe der Einführung von Pufferzonen, beispielsweise zur Formalisierung der Kommunikation, kann die Konflikthäufigkeit und – wahrscheinlichkeit verringert werden. Ein einfaches Beispiel: in manchen Restaurants werden die Bestellungen nicht mündlich vom Kellner an die Küche weitergegeben, sondern digital per elektronischem Notepad übermittelt. Es entsteht dadurch eine Pufferzone, welche die (häufig missverständliche) mündliche durch elektronische Kommunikation ersetzt und dadurch Konflikte deutlich verringert.

- Austausch von Personen oder Teamneuzusammensetzung: Durch den Austausch von Personen bzw. der Neuzusammensetzung von Teams können Arbeitsbeziehungen beseitigt und Abhängigkeiten aufgehoben werden. Das kann bestehende Konflikte eliminieren, allerdings häufig um den Preis des Entstehens von neuen Differenzen.

Diese Formen des Konfliktmanagements haben den Vorteil, dass die Konflikte zumeist rasch verschwinden. Allerdings besteht die große Gefahr, dass diese Konflikte an einer anderen Stelle wieder auftauchen. In diesem Fall wurden nur die Symptome anstatt der Ursache des Problems beseitigt. Das herkömmliche „mechanistische" Organisationsverständnis hat nämlich den wesentlichen Nachteil, dass es das Eigenleben der Organisation als autonomes soziales System nicht berücksichtigt und daher die genannten Methoden oft zu kurz greifen.

2.2.3 Konflikte als Ausprägung von Machtkampf und Mikropolitik

Konflikte werden oft mit Machtausübung und Mikropolitik in Verbindung gebracht. Wenn Konflikte sichtbar und spürbar werden, dann liegt es nahe, dahinter versteckte Machtinteressen oder politisches Taktieren zu vermuten. So wird eine sachliche Konfliktaustragung erschwert.

Manche Führungskräfte oder auch Mitarbeiter gehen davon aus, dass es Konflikte eigentlich nicht geben dürfe, weil bei Differenzen ohnehin die Hierarchie entscheidet. Wenn dennoch Konflikte auftauchen, dann liegt ein Versagen der formalen Struktur vor. Warum wird allerdings erwartet, dass Hierarchien Konflikte lösen? Weil dann, wenn ein Problem auftaucht, gibt es immer eine höhere Instanz, die für eine Lösung verantwortlich ist.

Gleichzeitig produziert das hierarchische System ständig Spannungen und Konflikte, weil die Hierarchie sowohl Kooperation als auch Konkurrenz gleichzeitig ermöglicht. Bei der Erfüllung gemeinsamer Aufgaben müssen die Angestellten zusammenarbeiten, stehen einander aber häufig wegen Ressourcenknappheit, aus Statusneid und Streben nach Beförderung rivalisierend gegenüber.

Da es am unteren Ende mehr Stellen gibt als oben, ist die Konkurrenz um die oberen Positionen heftig, und bei Karrierekämpfen gibt es regelmäßig mehr Verlierer als Gewinner. Verschiedene Individuen und Gruppen haben in der Hierarchie die Aufgabe, Autorität und Einfluss auf andere auszuüben, und zugleich stellt diese eine der Organisationspolitik mehr oder weniger förderliche Art des Konkurrenzkampfes sicher.[17]

Die Hierarchie ermöglicht also sowohl Kooperation als auch Konkurrenz. Diese paradoxe Anforderung, die viele Spannungen erzeugt, löst die Hierarchie durch den Einsatz von Macht. Was ist Macht? Vereinfacht könnte man sagen, Macht ist die Fähigkeit jemanden dazu zu bewegen, etwas zu tun, das er sonst nicht tun würde.[18]

Der Begriff „Mikropolitik" bezeichnet das Vorgehen zur Durchsetzung eigener Interessen. Damit ist der alltägliche Gebrauch von Macht gemeint, um organisatorische Gegebenheiten im eigenen Interesse zu gestalten. Meist wird Mikropolitik mit dunklem Treiben, heimlichen Machenschaften, kleinkariertem Schachern um Vorteile, diplomatischen Winkelzügen und gewissenlosem Machiavellismus gleichgesetzt.

Nicht bedacht wird bei einem solchen Urteil, dass ohne Machteinsatz nichts mehr geschähe. Macht ist das, was im physikalischen Diskurs Energie ist: Gestaltungs- und Bewegungsmöglichkeit. Politik ist die Gestaltung dessen, was alle angeht. Auch die Alltagspolitik in Organisationen ist eine notwendige Ordnungsleistung. Ordnung existiert nicht einfach, sie muss fortwährend (re-) produziert werden, und dazu braucht man Macht.

2.2.4 Exkurs: Formen von Machtanwendung

Durch den Einsatz von Macht werden Konflikte selten gelöst, sondern meist eher verschoben und verdrängt. Dennoch wird Macht nach wie vor häufig im Umgang mit Konflikten eingesetzt. Zum besseren Verständnis dieses Phänomens möchte ich die wichtigsten Arten von Machtanwendung darstellen[19]:

- **Offizielle Autorität:** Darunter wird die offiziell legitimierte Macht (bis hin zur Möglichkeit von Belohnung bzw. Bestrafung), beispielsweise die eines Vorgesetzten über seine Mitarbeiter aufgrund seiner Funktion als Führungskraft verstanden. Legitimierung ist eine Art sozialer Bestätigung, die für die Stabilisierung von Machtbeziehungen unabdingbar ist. Wenn eine Führungskraft in einem Konflikt eine Entscheidung trifft, dann ist der Konflikt geregelt, denn es würde einer Infragestellung der Autorität gleichkommen, den Konflikt ein zweites Mal zu thematisieren.
- **Kontrolle über knappe Ressourcen:** Organisationen sind auf die ausreichende Versorgung mit Ressourcen (Geld, Rohstoffe, Technologie, Personal,...) angewiesen. Die Fähigkeit, eine oder mehrere dieser Ressourcen zu kontrollieren, stellt somit eine wichtige Machtquelle dar. Durch die Transparentmachung der

---

[17]Morgan (2002).

[18]Sandner (1990).

[19]Ibid.

Ressourcen und die Suche nach alternativen Ressourcen kann im Konfliktmanagement ein konstruktiver Umgang damit gefunden werden.

- Nutzung der Organisationsstruktur, der Regeln und Vorschriften: Strukturen, Regeln und Vorschriften werden als rationale Instrumente zur Aufgabenerfüllung betrachtet. Sie können allerdings auch bewusst eingesetzt werden, ebenso wie bewusst auf sie verzichtet werden kann, und stellen daher für diejenigen, die genau über sie Bescheid wissen eine nicht zu unterschätzende Machtquelle dar. Sie geben sowohl den Kontrolleuren als auch den Kontrollierten eine potenzielle Macht in die Hand.
- Kontrolle über Entscheidungsprozesse: Zur Strategie, oder besser Politik von Organisationsentscheidungen gehört es nicht selten, dass wichtige Beschlüsse verhindert und nur jene gefasst werden, die eine bestimmte Interessensgruppe wirklich will. Hier kann unterschieden werden zwischen Entscheidungsvoraussetzungen, Entscheidungsinhalten und Entscheidungszielen. Organisationen sind in hohem Maß Entscheidungsfindungssysteme, und deshalb kann eine Einzelperson oder eine Gruppe, die Einfluss auf Entscheidungsprozesse hat, in erheblichem Maß auf die Angelegenheiten der Organisation einwirken.
- Expertenmacht/Kontrolle über Sachwissen und Information: Grundlage der Expertenmacht sind das Wissen und die Expertise. Diese Form der Macht wird mitunter wirkungsvoll von Beratern, Konsulenten und Sachverständigen eingesetzt. Zudem kann diese Form der Macht sich leicht auf andere Bereiche ausweiten, in denen der Experte nicht kompetent ist (Halo-Effekt[20]). Der Mediator bzw. Konfliktmanager ist Experte für den Verhandlungsprozess. Er sollte sich seiner Macht bewusst sein, um deren Verführungen erkennen zu können.
- Kontrolle über Grenzen: Der Begriff Grenze wird für die Schnittstelle zwischen verschiedenen Teilen der Organisation oder zwischen Organisation und Umfeld benutzt. Durch Überwachen und Lenken von Transaktionen an Grenzen können Personen beträchtliche Macht erringen. Beispielsweise haben Sekretäre oder Assistenten oft beträchtlichen Einfluss darauf, wie ihr Chef eine bestimmte Situation einschätzt, indem sie entscheiden, wer wann Zugang zu ihm hat und welche Informationen er erhält (Gatekeeper-Funktion).
- Fähigkeit, Unwägbarkeiten gewachsen zu sein: Eine Organisation erfordert ein gewisses Maß an wechselseitiger Abhängigkeit, deshalb können Störungen oder Unterbrechungen in einem Bereich beträchtliche Auswirkungen haben. Personen, die die Fähigkeit haben, den normalen Ablauf wiederherzustellen, können dadurch Macht und Status erlangen. Man denke nur an den Einfluss, den EDV-Spezialisten in Unternehmen haben, weil sie Computerprobleme lösen können.
- Kontrolle über Technologie: Seit jeher hat Beherrschung der Technik als Machtinstrument gedient, welches die Menschen zur Manipulation und Kontrolle ihrer Umwelt eingesetzt haben. Die Einführung der Fließbandarbeit hatte beispielsweise den ungewollten Effekt, dass die Arbeitnehmer die Macht über den

---

[20]Halo-Effekt: Personen werden bei der Urteilsbildung von übergeordneten Sachverhalten beeinflusst, die unter Umständen mit dem gegenständlichen Thema nichts zu tun haben.

Produktionsvorgang erhielten. Durch Streiks am Fließband konnte (und kann) die gesamte Produktion lahmgelegt werden.

- **Interpersonelle Allianzen und Netzwerke:** Durch persönliche Kontakte, Freundschaften und Verwandschaftsbeziehungen kann eine beträchtliche informelle Macht aufgebaut werden. Ein Beispiel aus einem innerbetrieblichen Mediationsfall: Eine Beteiligte war befreundet mit der Frau des Geschäftsführers, was sie auch immer wieder beiläufig erwähnte. Diese Tatsache beeinflusste das Verfahren und es war schwierig, dieses Machtungleichgewicht auszubalancieren.

- **Kontrolle über Gegenorganisationen:** Sobald es einer Gruppe gelingt, Macht zu konzentrieren, bilden sich oft sogenannte „Gegenorganisationen", um einen Machtausgleich zu schaffen. Die bekanntesten sind die Gewerkschaften. Diese Tatsache ist in der Mediation besonders bedeutsam, da es oft den „Schwächeren" nicht bewusst ist, welche Gegenorganisationen es gibt und wie auf diese Weise Unterstützung bzw. Machtausgleich hergestellt werden kann.

- **Symbolismus und das Management von Bedeutungen:** Eine Methode, Macht zu erlangen, ist Realität zu definieren und dafür Akzeptanz zu finden. Durch großräumige Büros und teure Autos wird Macht suggeriert und kann auf diese Weise reale Bedeutung erlangen.

Durch den Einsatz der unterschiedlichen Formen von Macht werden Konflikte geregelt. Gelöst wurden sie dadurch allerdings meistens nicht, weil die Ursache des Konfliktes oft unberücksichtigt bleibt. Die Kosten ungelöster Konflikte (durch verpasste Chancen, Frustration, Fluktuation,...) werden allerdings oft in Kauf genommen zugunsten von raschen Entscheidungen und der Erhaltung von struktureller Stabilität.

2.2.4.1 Positive und negative Aspekte der Macht

Machtanwendung ist allerdings in Organisationen nicht nur negativ zu sehen, sondern sie ist schlichte Notwendigkeit. Ohne den Einsatz von Macht ist es in Unternehmen nicht möglich, rasch zu reagieren, zeitgerecht zu entscheiden und die Ausrichtung auf ein gemeinsames Ziel sicherzustellen. Man stelle sich vor, eine Firma muss auf die erfolgreiche Werbelinie eines Mitbewerbers antworten oder ein feindliches Übernahmeangebot abwehren. Hier muss die Organisation, respektive die Hierarchie, rasch reagieren und abweichende Positionen und Meinungen innerhalb des Unternehmens machtvoll unterdrücken bzw. abstellen, weil sonst der Erfolg bzw. das Überleben der Firma nicht sichergestellt werden kann.

Der bekannte Ausspruch von Lord Acton „Macht korrumpiert – und absolute Macht korrumpiert absolut" mag einen wahren Kern haben. Dennoch darf Macht nicht ausschließlich negativ, sondern muss auch als positive Kategorie erkannt werden.[21]

---

[21] Neuberger (1996).

Macht und Mikropolitik sind faktische und notwendige Phänomene jeder Organisation. Was ihnen allerdings den negativen Anstrich gibt, ist die meist verdeckte Austragung, ihr Einsatz hinter den Kulissen. Dieser Umstand zieht eine ganze Reihe von Problemen nach sich, wie zum Beispiel das Entstehen von Gerüchten, intransparente Entscheidungen, Gefühle von Machtlosigkeit bei vielen Mitarbeitern, Frustration und dergleichen.

Hier können neue Formen der Konfliktregelung, insbesondere Mediation, einen Beitrag leisten, Konflikte transparent, offen und direkt auszutragen sowie Machtverhältnisse anzusprechen und dadurch Lösungen zu ermöglichen, die eine breite Akzeptanz finden.

2.3 Die vier Grundformen des Konfliktmanagements

Wenn Sie sich in Organisationen umhören, egal ob es sich um Kleinbetriebe handelt oder um multinationale Konzerne, ob es öffentliche Institutionen sind oder Non-Profit-Organisationen: die Art und Weise wie mit Konflikten umgegangen wird, unterscheidet sich zwischen den Branchen kaum.

Eine Umfrage aus dem Jahr 2004[22] bei unterschiedlichsten Organisationen zum Thema "wie gehen Sie mit Konflikten um?" ergab folgendes Bild: Die Formen der Konfliktbearbeitung sind sehr unterschiedlich, doch sie lassen sich auf vier Grundformen reduzieren[23]: Man kann versuchen, einen Konflikt durch Trennung

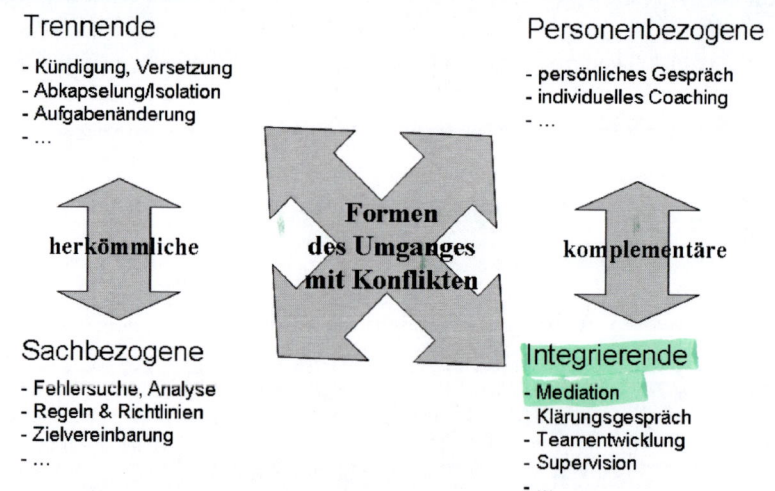

Abb. 2.1 Die vier Grundformen des Konfliktmanagements

---

[22] Der Arbeitskreis „Interne Mediation", der die Umfrage durchführte, bestand aus folgenden Personen: Gudrun Janach, Gerald Kastner, Ulrich Königswieser, Elisabeth Kovarc, Sabine Petsch, Daniela Schröter, Gudrun Schubert, Barbara Wurz und Stephan Proksch. Das Ergebnis wurde unter dem Titel „Das Ende der Eiszeit" publiziert.

[23] Proksch et al. (2004).

oder Zusammenführung der Streitparteien zu lösen. Man kann aber auch versuchen, einen Konflikt sachbezogen oder personenbezogen zu lösen. Die Grundformen heißen daher (siehe auch Abb. 2.1):

- Trennende Maßnahmen
- Integrierende (zusammenführende) Maßnahmen
- Personenbezogene Maßnahmen
- Sachbezogene Maßnahmen

Für die trennenden sowie die sachbezogenen Maßnahmen wurde der Begriff herkömmliche oder konfliktumgehende Vorgehensweisen geprägt, da bei diesen Methoden der Konflikt selbst mit den Parteien nicht direkt bearbeitet werden muss. Es wird versucht, die Rahmenbedingungen des Konfliktes so zu verändern, dass der Konflikt verschwindet.

Für die personenorientierten sowie die zusammenführenden Maßnahmen wurde der Begriff komplementäre Vorgangsweisen gefunden. Sie setzen sich direkt mit den Konfliktparteien und der Konfliktdynamik auseinander. In der Praxis ergeben sich oft Überschneidungen und Vermischungen, wobei allerdings meist eine Handhabungsform im Vordergrund steht.

Neben den genannten aktiven Formen der Konfliktbearbeitung existieren natürlich eine Reihe von passiven Formen des Umgangs mit Konflikten: Totschweigen, Aussitzen, Verleugnen, Delegation an den Vorgesetzten, Zerreden, Aus dem Weg gehen etc. Dadurch werden Konflikte allerdings nicht gelöst sondern aufrechterhalten oder weiter verschärft. Deshalb gehe ich an dieser Stelle darauf nicht näher ein.

2.3.1 Trennende Maßnahmen

Trennende Maßnahmen sind solche, die darauf ausgerichtet sind, die Parteien zu trennen und auf diese Weise dem Konflikt die Grundlage zu entziehen. Beispiele dafür sind Kündigung oder Versetzung der Mitarbeiterin in eine andere Organisationseinheit. Diese Formen werden vergleichsweise häufig angewendet und stellen eine „klassische" Form der Konflikthandhabung dar, mit der relativ rasch und effektiv bestehende Konflikte scheinbar, manchmal auch tatsächlich aus der Welt geschafft werden können. Auch andere am Konflikt beteiligte Personen können sich selbst dem Konfliktfeld entziehen, indem sie sich abkapseln oder innerlich kündigen.

Diese Methode wurde seit jeher in Organisationen praktiziert und hat sich in manchen Fällen bewährt – insbesondere dann, wenn individuelles Verhalten mit der Unternehmenskultur nicht mehr in Einklang gebracht werden kann oder wenn seitens des Unternehmens die „Notbremse" gezogen werden muss. In manchen Fällen löst eine Trennung jedoch den Konflikt nicht, sondern verschärft ihn, beispielsweise wenn der Konflikt anschließend vor dem Arbeitsgericht ausgetragen wird.

Wenn ein ähnlicher Konflikt immer wieder auftaucht, dann handelt es sich wahrscheinlich um einen systemimmanenten Konflikt. Das Problem hat in diesem Fall nichts mit der Person, sondern mit seiner/ihrer Rolle in der Organisation und der Funktionsweise des Systems zu tun. In diesem Fall ist es ratsam, zum Beispiel eine integrierende Form der Konfliktbearbeitung zu wählen, um dem Problem auf den Grund zu gehen. Auf diese Weise kann das Wissen der Beteiligten zur Ressource werden, um eine nachhaltige Lösung zu erzielen. Beispielsweise wurde in einem Unternehmen innerhalb von 2 Jahren die Position des EDV-Leiters drei mal neu besetzt. Hier kann man davon ausgehen, dass das Problem nicht an den Personen liegt, sondern an der Struktur der Organisation.

2.3.2 Sachbezogene Maßnahmen

Mit sachbezogenen Maßnahmen trachtet man danach, unabhängig von den involvierten Personen eine organisatorische oder technische Problemlösung zu finden. Es werden Fehler gesucht und analysiert. Der nächste Schritt besteht darin, Regelungen, Richtlinien oder Vorgaben zu schaffen, die ein neuerliches Auftreten des gleichen Konfliktes verhindern sollen.

So können zum Beispiel Anweisungen gegeben oder Abläufe festgelegt werden, nach denen vorzugehen ist. Regeln, Organigramme, Geschäftsprozessmodelle und dergleichen mehr sind ebenfalls wirkungsvolle Formen, um die Zusammenarbeit mehrerer Personen zu organisieren.[24]

Auch die Ausweitung knapper Ressourcen stellt eine sachbezogene Maßnahme dar. Auseinandersetzungen um knappe Mittel gehören zu den häufigsten Konfliktursachen. Wenn der Engpass beseitigt wird, dann wird dem Konflikt die Grundlage entzogen, weil sich die wechselseitige Abhängigkeit verringert. Dies kann beispielsweise durch Umzug in größere Büroräumlichkeiten geschehen, wenn Platzmangel die Ursache war oder durch Einstellung zusätzlicher Sekretariatskräfte, wenn die Back-Office Unterstützung nicht ausreichend war.

Diese Methoden bewähren sich, wenn ein Problem auf unklare Vorgaben bzw. Abgrenzungen zurückzuführen ist oder wenn die Aufgaben missverständlich sind. Sie haben den Vorteil, dass die Beteiligten sich nicht auf eine Auseinandersetzung einlassen müssen. Allerdings bewähren sich diese Methoden nicht, wenn das sachliche Problem nur vorgeschoben wird und tiefer liegende persönliche oder unternehmenskulturelle Konflikte bestehen.

Doch auch klare Regelungen können zu Widersprüchen führen, weil keine Regel für jeden Einzelfall passend sein kann. Beispielsweise zeigen sich häufig Differenzen zwischen Projekt- und Linienorganisation, zwischen Schnittstellen in der Prozesskette oder zwischen Produktion und Vertrieb, da die unterschiedlichen Handlungs- und Entscheidungsmaximen (z.B. Kundenorientierung versus Qualitätsorientierung) nie widerspruchsfrei sein können bzw. auch nicht sein sollen. Erst

---

[24]Proksch et al. (2004).

im anlassbezogenen Aushandeln des Konflikts besteht die Chance, die beste Lösung zu finden.

2.3.3 Personenbezogene Maßnahmen

Personenbezogene Maßnahmen suchen die Lösung auf der individuellen Ebene. In diesem Fall werden zum Beispiel persönliche Gespräche geführt oder Coaching angeboten.

Diese Formen orientieren sich vorwiegend an den vermeintlich oder tatsächlich betroffenen Personen. Lässt sich ein Konflikt nicht durch Gespräche bereinigen, dann geht man manchmal dazu über, jemanden verantwortlich zu machen. Die Schuldigensuche beginnt. Es kann eine Erleichterung darstellen, Widersprüche aufzulösen durch Einordnung von Vorfällen in richtig oder falsch, gut oder böse. Unser Rechtssystem ist nach diesem Prinzip aufgebaut, um Ordnung und Sicherheit zu gewährleisten. In der beruflichen Realität kommen wir mit diesem Denken allerdings nicht sehr weit. Denn im Regelfall entstehen Konflikte nicht (nur) durch unterschiedliche Persönlichkeitsstrukturen sondern eine Vielzahl von Einflussfaktoren spielen eine Rolle, die in Summe zum Konflikt führen: organisatorische Rahmenbedingungen, Gewohnheiten, Machtstrukturen oder begrenzte Ressourcen.

In manchen Fällen hilft den Beteiligten ein persönliches Gespräch, um die angespannte Konfliktsituation besser verstehen und verarbeiten zu können, um selbst „Dampf ablassen" zu können und die eigene Meinung zu äußern. Individuelles Coaching hat sich ebenfalls zur Unterstützung bewährt, weil hier beispielsweise Strategien für einen persönlichen Umgang mit einer bestimmten Konfliktsituation entwickelt werden können.

Der Nachteil dieser Konfliktbearbeitungsvariante liegt darin, dass durch die Arbeit mit einer Person zwar angemessene Strategien erarbeitet, aber keine konsensualen Lösungen gemeinsam mit der anderen Konfliktpartei entwickelt werden können.

2.3.4 Integrierende Maßnahmen

Integrierende (zusammenführende) Maßnahmen suchen die gemeinsame Auseinandersetzung der Parteien mit dem Problem. Beispiele sind das klärende Gespräch, die Teamentwicklung oder die Mediation. Diese Vorgehensweisen fördern die direkte Kommunikation, schaffen dadurch günstige Rahmenbedingungen um Blockaden abzubauen und die Interaktion zu verbessern und ermöglichen so die Konfliktlösung.

Auch die Vorgabe von übergeordneten Zielen ist eine mögliche Maßnahme. Dadurch werden die Konfliktparteien gezwungen, über ihre Differenzen hinwegzusehen und zu lernen miteinander zu kooperieren, weil ihr Erfolg mit der Zielerreichung zusammenhängt. Mit anderen Worten, die wechselseitige Abhängigkeit, welche die Voraussetzung für die meisten Konflikte ist, muss neu definiert werden.

Die einfachste Form der Auseinandersetzung besteht darin, dass die Parteien das Gespräch miteinander suchen. Dies sollte immer der erste Schritt sein. In vielen Fällen wird das auch gelingen. Allerdings besteht gleichzeitig die Gefahr, dass die beteiligten Parteien sich gegenseitig ihre Standpunkte vorhalten und sich dabei immer mehr in den Konflikt verstricken, anstatt nach einer Lösung zu suchen. In diesem Fall sollte man eine neutrale Dritte, bestenfalls eine Mediatorin, um Unterstützung bitten.

Integrierende Formen der Konfliktbearbeitung haben den Vorteil, dass sie den Konflikt selbst bearbeiten und nicht – wie zum Beispiel viele herkömmliche konfliktumgehenden Formen – eine Lösung suchen, welche die Beschäftigung mit dem Konflikt selbst vermeidet. Auf diese Weise geht man dem Disput auf den Grund und entwickelt Lösungen, die dem Problem tatsächlich gerecht werden. Ein positiver und wünschenswerter Begleiteffekt liegt in der schrittweisen Wiederherstellung der gestörten Gesprächskultur, wodurch der Zusammenhalt gefördert und schließlich das Kommunikationsklima insgesamt verbessert wird. Diese Form der Konfliktbearbeitung benötigt allerdings Zeit. Es müssen Zeit-Räume geschaffen werden, innerhalb derer das Problem bearbeitet werden kann.

2.4 Wie gehen Unternehmen heute mit Konflikten um?

Die Aufgabe einer Führungskraft besteht darin zu planen, zu organisieren, zu führen und zu überwachen, um die Ziele der Organisation zu erreichen. Tauchen Spannungen oder Konflikte auf, dann ist es ihre Aufgabe nach Möglichkeiten zu suchen, die Konflikte zu lösen. Bleiben solche dauerhaft ungelöst, dann wird die Führungskraft in der Regel zur Verantwortung gezogen. Darüber hinaus ist es die Aufgabe des Managers für seine Mitarbeiter eine Arbeitsumgebung zu schaffen, in der diese sich entfalten und zum Nutzen des Unternehmens ihre Leistung erbringen können. Konfliktmanagement ist daher Führungsverantwortung.

Wenn man Studien Glauben schenkt, dann wenden Führungskräfte einen beträchtlichen Teil ihrer Zeit für Konfliktmanagement auf: In Deutschland sind es 14% der Zeit, in Österreich 16%, in den USA gar bis zu 30%.[25]

Doch wie gehen Vorgesetzte mit Konflikten um? Das hängt davon ab, wie sie Konflikte wahrnehmen und welches Bild sie von Organisationen im Allgemeinen und von Konflikten im Speziellen haben. Haben Sie ein „klassisches" oder herkömmliches Verständnis von Konflikten, so wie ich es oben beschrieben habe, dann werden sie eher herkömmliche Methoden der Konfliktbearbeitung anwenden (siehe Abb. 2.2)

2.4.1 Nutzen und Grenzen der herkömmlichen Methoden

Diese Formen des Konfliktmanagement sind manchmal nützlich, sie haben aber auch ihren Preis. Der Nutzen kann darin bestehen, dass die bestehenden

---

[25]Hernstein Management Report (2003).

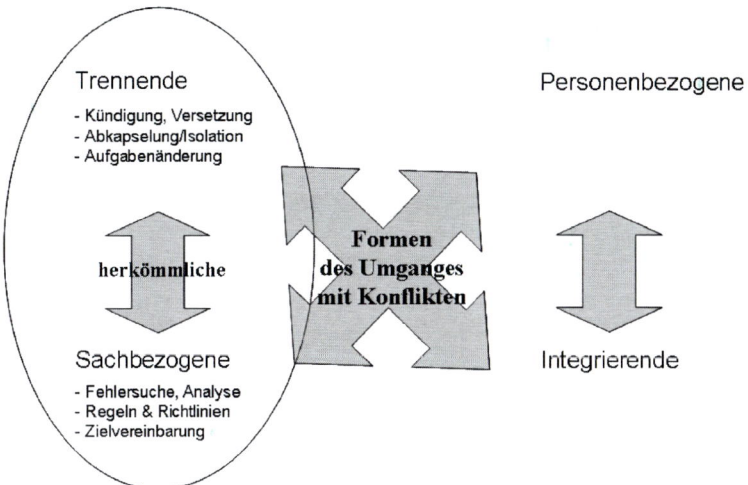

Abb. 2.2   Herkömmliche Formen der Konflikthandhabung

Konflikte zunächst verschwinden. Auch kehrt manchmal eine Beruhigung der Situation ein und es kann zur Tagesordnung übergegangen werden. Es gibt Situationen, da führen diese Herangehensweisen tatsächlich zu einer Konfliktbereinigung. Die Nachteile dürfen allerdings ebenfalls nicht übersehen werden:

- Oft tauchen die gleichen oder ähnliche Konflikte an einer anderen Stelle wieder auf. Das weist darauf hin, dass Symptome behandelt wurden anstatt von Ursachen.
- Die Lösungen erzeugen manchmal Folgewirkungen in der Organisation, mit denen man nicht gerechnet hat und die ein noch größeres Problem darstellen. Man hat „das Kind mit dem Bade ausgeschüttet".
- Rasche Lösungen sind oft sehr teuer. Man denke nur an eine Kündigung, die nicht nur Personalsuche und Schulung nach sich zieht, sondern manchmal auch die Kosten eines Gerichtsverfahrens.
- Es findet kein Lernen aus der Konfliktsituation statt. Der Konflikt selbst wird nicht bearbeitet.

Diese herkömmlichen Formen des Umgangs mit Konflikten sind allerdings nicht die einzig möglichen. In den vergangenen Jahren entwickelten sich, ausgelöst nicht zuletzt durch einen gesellschaftlichen Umdenkprozess, neue Formen der Konfliktlösung.

2.5 Konfliktmanagement: Die ganzheitliche Sichtweise

Im Rahmen einer ganzheitlichen (systemischen) Perspektive ist ein Konflikt nicht mehr eine Störung im geregelten Arbeitsablauf, sondern mehr. Ein Konflikt entsteht dann, wenn eine Differenz zwischen zwei unterschiedlichen Sichtweisen bzw.

Positionen entsteht. Die systemische Sicht löst sich von dem Denken, es gäbe ein Richtig und ein Falsch. Oft haben, wenn zwei streiten, beide einen begründeten Anspruch. Versucht man herauszufinden, wer Recht hat und wer Unrecht, dann vernachlässigt man oft die legitimen Bedürfnisse einer oder beider Seiten. Genau das versuchen aber die meisten der zuvor genannten herkömmlichen Methoden der Konfliktbearbeitung.

Die ganzheitliche Sichtweise akzeptiert die unterschiedlichen Standpunkte als berechtigte Interessen. Es wird versucht, die unterschiedlichen Positionen zusammenzuführen, also zu integrieren anstatt sie durch eine Entscheidung zu trennen.

Dieser Denkansatz hat einer Reihe von Methoden und Verfahren den Weg geebnet: Moderation, Coaching, Supervision und Teamentwicklung. Die bewährteste ganzheitliche Methode zur Bearbeitung von Konflikten ist die Mediation.

Auch aus der ganzheitlichen Perspektive betrachtet bleibt der Grundsatz aufrecht: Konfliktmanagement ist Führungsverantwortung. Nur bedeutet dies nicht mehr, dass eine Führungskraft jeden Konflikt selbst lösen muss. Im Gegenteil: die Führungskraft hat die Aufgabe, in einer Konfliktsituation zu entscheiden, welches Verfahren für die jeweilige Situation angemessen ist, und die entsprechenden Schritte zu setzen.

2.6 Unterschiedliche Führungsstile im Leitungsteam: wie es weiterging . . .

Die Analyse der beiden Gespräche führte mich zu der Vermutung, dass mittels einer klaren Aufgabenabgrenzung und einer kollegialen Aussprache das Problem gelöst werden könnte, zumal beide früher ein gutes Team waren, ihre Kompetenzen sich gut ergänzten und Herr Steiner ohnehin beiläufig erwähnt hatte, in ein bis zwei Jahren in Pension gehen zu wollen.

Der Vorstand entschied, selbst persönliche Gespräche zu führen und entsandte ein Mitglied dieses Gremiums zur Vermittlung zwischen den Beteiligten. Frau Braun war bereit, die Geschäftsführung in klar gegliederte Bereiche zu unterteilen und unter anderem die Finanzhoheit völlig abzugeben.

Herr Steiner war bereit über die Aufteilung der Geschäftsbereiche zu verhandeln, stellte aber von Beginn an klar, dass er nicht geneigt war, einen Teil der Mitarbeiterverantwortung abzugeben. Zwei Monate lang wurde in mehreren Gesprächen verhandelt. Zunächst schienen sich die Standpunkte anzunähern, aber nach und nach stellte sich heraus, dass Steiner nicht bereit war, von seinem Standpunkt bezüglich Mitarbeiterverantwortung auch nur geringfügig abzugehen.

Schließlich sah sich der Vorstand gezwungen, eine Entscheidung zu treffen. Steiner wurde per Ende des Monats beurlaubt und musste zu Jahresende vorzeitig seinen Ruhestand antreten. In dieser Situation blieb dem Vorstand keine andere Wahl als durch eine Entscheidung den Konflikt zu beenden, da die Verhandlungsbereitschaft einer Konfliktpartei nicht gegeben war.

Kapitel 3
Komplementäre Methoden
des Konfliktmanagements

In diesem Kapitel stelle ich die komplementären Formen des Konfliktmanagements vor, und zwar die personenbezogenen und die integrierenden Formen. Darunter verstehe ich folgende Methoden: Mediation, Moderation, Supervision, Coaching und Teamentwicklung. Ich erläutere jeweils deren Anwendungsgebiete sowie die Abgrenzung zur Mediation als zentralen Ansatz des Konfliktmanagements. Schließlich gehe ich auf Mediation als neues Gebiet der Organisationsentwicklung ein.

3.1 Der schwierige Chef

Herr Ivanov benötigt kurzfristig einen Termin für ein Gespräch. „Das kann so nicht weitergehen. Ich brauche eine rasche Lösung. Lange mache ich das nicht mehr mit!" Am nächsten Tag besucht er mich im Büro. „Ich bin Mitarbeiter einer Bank und seit elf Jahren im Unternehmen. In den letzten Monaten ist die Arbeit immer mehr geworden. Da im Haus ständig Personal eingespart wird, steigt die Arbeitsbelastung. Die Gesprächsbasis mit meinem Chef Herrn Lauer war schon immer angespannt. Sie müssen wissen, er ist ein schwieriger Zeitgenosse!" verrät er mir.

„Beim letzten Meeting hat er mir vor versammelter Mannschaft vorgeworfen, dass ich zu wenig arbeite. Das stimmt aber nicht! Im Gegenteil, ich bin äußerst fleißig. In sieben Jahren hatte ich nur vier Krankenstandstage, ich glaube, das ist rekordverdächtig. Herr Lauer leidet, glaube ich, an einer Wahrnehmungsverzerrung. Dazu kommt, dass nächsten Monat mein Kollege wegen einer Operation ins Spital geht. Dann wird überhaupt die Hölle los sein. Wie ich das bewältigen soll, weiß ich noch nicht. Meine Strategie ist: nichts anbrennen lassen. Ich versuche, die Arbeit stets vollständig zu erledigen, deshalb bin ich oft bis nach 19.30h im Büro. Trotzdem scheint ihn das nicht zu beeindrucken. Mich belastet die Situation schon sehr, ich schlafe mittlerweile schlecht und gehe ungern ins Büro."

Er fährt fort: „Lauer springt auch mit anderen Kollegen so um, zum Beispiel mit den Sekretärinnen. Er hat schon viele Mitarbeiter verloren. Wenn er mich noch einmal so bloßstellt dann suche ich mir einen anderen Arbeitsplatz! Aber das ist

S. Proksch, *Konfliktmanagement im Unternehmen*,
DOI 10.1007/978-3-642-12223-1_3, © Springer-Verlag Berlin Heidelberg 2010

bei meinem Job auch nicht so leicht. Gibt es noch andere Möglichkeiten? Ich habe
gehört, Sie sind Mediator. Können Sie mir helfen?"

3.2 Die komplementären Methoden des Konfliktmanagements

Im Kapitel über die herkömmlichen Methoden habe ich über trennende und
über sachbezogene Formen des Umgangs mit Konflikten gesprochen. Ihnen ist
gemeinsam, dass sie dem Konflikt selbst aus dem Weg gehen und stattdessen versuchen, durch Veränderung der Rahmenbedingungen dem Konflikt die Grundlage zu
entziehen.

Nun wende ich mich den komplementären Formen des Konfliktmanagements
zu. Diese Formen richten die Aufmerksamkeit auf den Konflikt selbst und versuchen diesen durch den Einsatz unterschiedlicher Methoden zu bearbeiten und
zu lösen. Diese Methoden heißen: persönliches Gespräch, Coaching, Mediation,
Klärungsgespräch, Teamentwicklung oder Supervision. (siehe Abb. 3.1)

Sie haben vielleicht einige dieser Begriffe schon gehört. Aber wie unterscheiden
sie sich von einander und was haben sie gemeinsam? Da jede Methode ihre Stärken und Schwächen hat, sollte ein Manager/ eine Managerin wissen, wann welche
Methode anzuwenden ist.

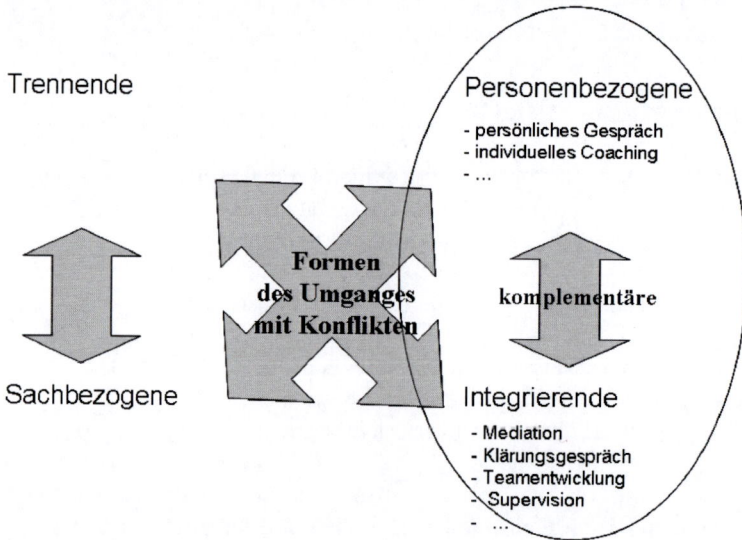

Abb. 3.1 Komplementäre Formen der Konflikthandhabung

3.2.1 Mediation

Mediation leitet sich vom lateinischen „mediare" ab und bedeutet so viel wie
„vermitteln". Ziel der Mediation ist, dass die am Konflikt Beteiligten autonom

eine tragfähige Lösung für die Zukunft entwickeln, die ihren Interessen und Bedürfnissen entspricht. Ermöglicht wird das durch ein zielorientiertes, strukturiertes Phasenmodell, durch bedürfnisorientierte Gesprächsführung sowie durch Modifikation der Kommunikationsmuster der Parteien.

Diesen Prozess leiten neutrale (bzw. allparteiliche) Mediatoren, die zur Verschwiegenheit nach außen verpflichtet sind und gleichzeitig Offenheit und Transparenz dadurch gewährleisten, dass beim Mediationsprozess alle Konfliktparteien anwesend sind und gleichermaßen am Verfahren partizipieren. Die Grundprinzipien der Mediation sind: Allparteilichkeit, Selbstbestimmung, Vertraulichkeit und Partizipation aller.

Mediation hat sich in vielen Bereichen der Konfliktbearbeitung durchgesetzt. Mittlerweile wird Mediation bei der Lösung von Konflikten in Partnerschaften und Ehen, bei Trennung und Scheidung, bei Fragen des Besuchsrechts, in Schulen, Vereinen und Verbänden, bei Konflikten im öffentlichen Raum sowie bei Fragen des Umweltschutzes, bei Nachbarschaftskonflikten, bei interkulturellen Konflikten, bei Konflikten zwischen Unternehmen und nicht zuletzt bei Konflikten in Wirtschaftsunternehmen und Organisationen eingesetzt.

3.2.2 Moderation

Moderation ist eine Methode, die durch Strukturierung, Visualisierung und andere Techniken den Arbeitsprozess von Gruppen erleichtert. Anwendungsgebiete sind beispielsweise Aufgabenabstimmung, Planung, Strategieentwicklung, Problemanalyse, Problembearbeitung,...[26]

Die Moderatorin hat Prozessverantwortung und ist allparteiliche Gesprächsleiterin. Sie achtet auf die gleichberechtigte Beteiligung aller Teilnehmer, auf die anschauliche Darstellung der Beiträge sowie auf die Dokumentation der Ergebnisse. Sie bedient sich Hilfsmitteln wie beispielsweise Gesprächsregeln, Kärtchenmethode, Feedback oder Paraphrasieren.

Was unterscheidet Moderation von Mediation? Moderation befähigt eine Gruppe, das gewählte Thema zu strukturieren und effizient zu bearbeiten. Die Moderatorin achtet auf die optimale Ausnutzung der vorhandenen Synergiepotenziale und unterstützt das Erreichen der vereinbarten Ziele. Bei der Moderation steht nicht die Konfliktbearbeitung im Vordergrund, sondern das Erreichen eines Sachziels. Das Ziel der Mediation ist es hingegen, einen Konflikt zwischen zwei oder mehreren Parteien mit Hilfe eines Neutralen einvernehmlich zu lösen. In der Mediation werden auch Techniken und Hilfsmittel der Moderation eingesetzt.

Ein Beispiel für Moderation: Ein Team soll die Einführung eines neuen Produktes planen und umsetzen.

---

[26]Proksch et al. (2004).

3.2.3 Supervision

Supervision ist eine berufsspezifische Unterstützung eines Teams oder einer Person durch einen geschulten Supervisor zum Zwecke der Entwicklung und Vertiefung von Handlungskompetenzen. Inhalte sind Probleme, die aus beruflichen Situationen aufgrund von Mehrdeutigkeit im Erleben entstehen und für die oft eindeutige Kriterien zur Bewertung fehlen. Supervision versteht sich als Möglichkeit, gesellschaftliche, institutionelle und subjektive Bedingungen einer beruflichen Tätigkeit und deren Auswirkungen auf das professionelle Handeln bewusst zu machen.

Teamsupervision beschäftigt sich mit dem komplexen Beziehungsgeflecht zwischen Mitarbeitern, Klienten und der Organisation bzw. Firma. Hier stehen neben der Verbesserung des Betriebsklimas, der Kooperation und der Arbeitseffizienz auch die Steigerung der Professionalität des Einzelnen im Vordergrund. Häufig werden auch die Interaktionsdynamik des Teams und die in ihr versteckten institutionellen Widersprüche analysiert.

In der Regel kommen Supervisor und Team an einem neutralen Ort zusammen und arbeiten an Problemstellungen der Gruppe oder einer Einzelperson. Eine Sonderform der Supervision ist die Intervision, wo Kollegen der gleichen Berufsgruppe miteinander ohne Begleitung eines Supervisors arbeiten.

Was unterscheidet Supervision von Mediation? Aufgabe der Mediation ist nicht die Erhöhung der beruflichen Professionalität oder das Analysieren von institutionellen Zusammenhängen. Der Mediator begleitet seine Medianden im Prozess vom Dissens zum Konsens.

3.2.4 Coaching

Coaching ist die zielorientierte Beratung einer einzelnen Person zur Reflexion und Bearbeitung einer aktuellen Problemstellung. Coaching ist somit eine Interaktion von zwei Personen, wobei der Kunde Experte für sein Anliegen (Problem) und der Coach Experte für den Prozess (Fragen, Strukturierung, etc.) ist. Dieser Gleichwertigkeit der Position von Coach und Coachee (Klient/in des Coaches) kommt eine zentrale Bedeutung zu, weil der Coachingprozess als partnerschaftlicher Dialog zu verstehen ist.

Der Coach vereinbart mit dem Coachee zunächst ein Ziel und erarbeitet mit ihm eine Strategie zur Zielerreichung. Widerstände und Hindernisse werden analysiert und Handlungsvereinbarungen getroffen. Er ist kein Therapeut, sondern führt den Coachee als diskreter Berater durch den Prozess und gibt immer wieder Feedback. Dadurch entstehen für den Klienten neue Sichtweisen und Handlungsoptionen.

Leider wird der Begriff Coaching heute inflationär und missverständlich verwendet, beispielsweise „der Vorgesetzte als Coach", was dem Grundsatz der Neutralität des Coaches widerspricht.

Der Umgang mit Konflikten ist häufig zentrales Thema im Coaching. Werden Konflikte unterdrückt, beschönigt oder geleugnet, dann eskalieren sie oft dann, wenn es am ungünstigsten ist: in Krisensituationen, die dadurch weiter verschärft werden. Coaching kann sowohl zur Konfliktvorbeugung als auch zur Konfliktbewältigung wertvolle Beiträge leisten.

Was unterscheidet Coaching von Mediation? In der Mediation gibt es immer mindestens zwei Konfliktparteien und zwei unterschiedliche Positionen, die bearbeitet werden. Während der Mediator an einer Vermittlung arbeitet, ist es die Aufgabe des Coaches, seinen Klienten parteilich beim Verständnis und der Bearbeitung von Konflikten Hilfestellung zu geben.

Ein Beispiel für Coaching: Ein Abteilungsleiter stellt fest, dass durch Konflikte zwischen Mitarbeitern sein gesamtes Team leidet. Er holt sich fachkundige Hilfe bei einem Coach, wie er selbst damit umgehen soll.

3.2.5 Teamentwicklung

Teamentwicklung hat den Zweck, aus einer Gruppe von Menschen ein Team zu formen. Auf dem Weg zu diesem Ziel findet ein gruppendynamischer Prozess mit einer Vielzahl von Problemen (Machtkämpfe, Koalitionsbildung, Normenkonflikte,...) statt, der eine Gruppe lähmen oder auch sprengen kann, bevor sie ein Team wird. Im Rahmen einer Teamentwicklung wird dieser Prozess von einem professionellen Berater gesteuert, um das Team schnell und effektiv arbeitsfähig zu machen.

Mögliche Anlässe zur Teamentwicklung: Verbesserung der Kommunikation, Kooperation und der Arbeitsbeziehungen zwischen den Teammitgliedern, Entwicklung einer Teamidentität oder Klärung der Arbeitsrollen. Teamentwicklung wird insbesondere bei der Fusion von Unternehmen oder Abteilungen oder bei der Zusammenstellung neuer Teams angewendet.

Was unterscheidet Teamentwicklung von Mediation? Teamentwicklung macht eine Gruppe arbeits- und konfliktfähig. So gesehen ist Teamentwicklung ein Mittel zur Konfliktprävention, weil das Team in die Lage versetzt wird, Konflikte eigenständig zu bearbeiten und zu lösen. An dieser Stelle scheint mir eine Warnung angebracht: wenn in einem Team bereits ein Konflikt besteht, dann sollte man eher Mediation anwenden, weil Teamentwicklung unter Umständen den Konflikt verschärft.

Ein Beispiel: Ein neues Arbeitsteam wird zusammengestellt. Das Team wird durch einen Berater in der Anfangsphase fachkundig begleitet, um die Zusammenarbeit in der Gruppe zu optimieren. Nicht näher beschrieben habe ich das persönliche Gespräch (zum Beispiel zwischen Vorgesetztem und Mitarbeiter) sowie das Klärungsgespräch im Team. Der Grund besteht darin, dass diese nicht als eigenständige Methoden beschrieben sind und daher zumeist spontan und nach Gutdünken eingesetzt werden.

Das sogenannte „Konfliktmanagement-Kleeblatt",[27] zeigt die genannten Methoden und in welchem Verhältnis sie zum zentralen Begriff Konfliktmanagement stehen. Mediation steht im Zentrum, denn Mediation wird überwiegend für Konfliktmanagement eingesetzt. Die anderen Methoden werden, wie die Grafik zeigt, nur zum Teil im Konfliktmanagement angewendet. OE (Organisationsentwicklung) umfasst als größter Kreis alle genannten Methoden. (siehe Abb. 3.2)

---

[27] Proksch et al. (2004).

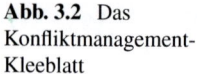

Abb. 3.2 Das
Konfliktmanagement-
Kleeblatt

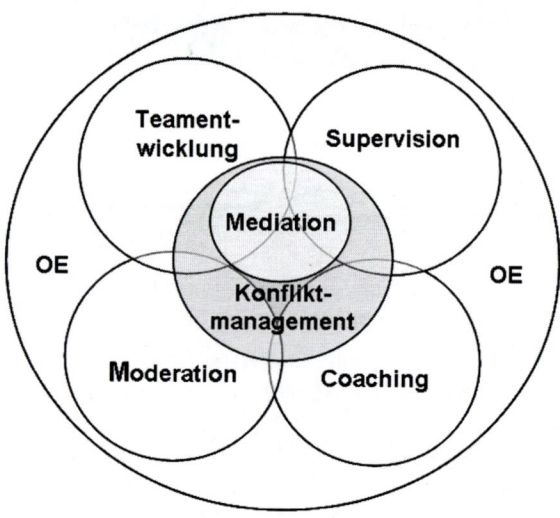

3.3 Organisationsentwicklung versus Mediation?

Organisationsentwicklung (OE) ist ein langfristig angelegter Prozess zur Weiterentwicklung und Veränderung einer Organisation oder Teilorganisation. Das Ziel
dieses Prozesses besteht in der gleichzeitigen Verbesserung der Leistungsfähigkeit
der Organisation (Effizienz und Effektivität) und der Qualität des Arbeitslebens
(Humanität). OE beschäftigt sich je nach Kontext mit strategischen, strukturellen
und/oder mit kulturellen Problemstellungen.

OE kann als umfassendes Beratungskonzept betrachtet werden, im Rahmen dessen die oben genannten Methoden (Coaching, Teamentwicklung, Moderation, Mediation) zum Einsatz kommen können. Die Rolle der OE-Beraterin liegt darin, der
Klientenorganisation zu helfen, die anstehenden Problemstellungen und Aufgaben
selbst zu lösen. Der Fokus liegt auf der Prozessbegleitung (Methodenkompetenz)
und weniger auf der Fachberatung (Fachkompetenz).

3.3.1 Organisationsentwicklung und Konfliktmanagement

Im Rahmen der Organisationsentwicklung ist Konfliktmanagement ein entscheidender Faktor zur erfolgreichen Bewältigung von Veränderungsprozessen.[28]

Traditionell wird die Beziehung zwischen Individuum und Organisation als
Spannungsverhältnis interpretiert. Manche sprechen geradezu von einem „Grund-
konflikt" zwischen Person und Organisation. Das Phänomen Konflikt ist integraler
Bestandteil organisationspsychologischer Forschung. Daher überrascht es, dass es

---

[28]Doppler und Lauterburg (1994).

im Rahmen der OE Literatur selten aufgegriffen, manchmal sogar weginterpretiert wurde.[29] Eine Durchsicht der Konfliktliteratur zeigt, dass es heute nur wenige empirische Untersuchungen von Konflikt und Konfliktbewältigung in Organisationen gibt.

Es wird in vielen Fällen davon ausgegangen, dass im Rahmen der OE Differenzen und Konflikte durch offenes Ansprechen gelöst werden können oder sich dadurch bereits von selbst lösen.[30] Die Literatur bzw. die empirische OE-Forschung beschränkt sich daher zumeist darauf, Rahmenbedingungen zu schaffen, unter denen Differenzen thematisiert, Interessen offengelegt und Konflikte bearbeitet werden können. Es wird immer wieder darauf hingewiesen, dass im Rahmen der OE Konflikte nicht unter den Teppich gekehrt, sondern offen ausgetragen werden. Wie dabei allerdings konkret vorgegangen werden soll, dazu gibt es selten eine Anleitung.[31]

Man gewinnt oft den Eindruck, dass durch eine ausreichend starke und überzeugende Vision bzw. ein Leitbild Probleme und Differenzen vermieden werden können, weil durch das gemeinsame Ziel Konflikten die Grundlage entzogen wird. Wenn das auch nichts nützt, dann müssen die betreffenden Personen ausgetauscht werden.[32] Hier liegt der Verdacht nahe, bei durchdachter und kompetenter Planung und Ausführung eines OE-Projektes kämen Konflikte gar nicht erst auf. Diese Konzeption hat der OE daher nicht ganz zu Unrecht den Vorwurf eingebracht, ein harmonistisches Konzept zu sein, welches meint, grundlegende Widersprüche von Organisationen (z.B. den zwischen Arbeit und Kapital, siehe oben) aufheben zu können, oder sie schlichtweg leugnet.

Allerdings gibt die OE so manche Hinweise, wie Konflikte vermieden werden können:[33]

- Vermeiden Sie Zielkonflikte. Machen Sie klare Zielvereinbarungen und Vorgaben
- Beteiligen Sie Ihre Mitarbeiter und Mitarbeiterinnen so weit wie möglich an Entscheidungen
- Verringern Sie die Abhängigkeiten der Mitarbeiter von Vorgesetzten
- Weiten Sie den individuellen Handlungsspielraum der Mitarbeiter aus
- Verbessern Sie den Informationsfluss
- Berücksichtigen Sie in der Personalauswahl die Konfliktkompetenz (!) der Kandidaten
- Vermeiden Sie Verteilungskonflikte
- Schaffen Sie Aufstiegs- und Karrierechancen bzw. Chancen zu persönlicher und fachlicher Weiterentwicklung
- Trainieren Sie nicht nur Fach- sondern auch Sozialkompetenz

---

[29] Berkel (1984).
[30] Baumgartner und Häfele (1998).
[31] Heimerl-Wagner (1993).
[32] Kotter (1998).
[33] Höher und Höher (2002).

Diese Punkte, allesamt „klassische" Zielsetzungen von OE Maßnahmen, bestätigen die Vermutung, dass die OE eher versucht, Konflikte zu vermeiden als konstruktiv mit ihnen umzugehen.

3.3.2 Mediation ergänzt Organisationsentwicklung

Die OE hat wenige Antworten für Konfliktmanagement gefunden. Da die Konflikthäufigkeit aber auf gesamtgesellschaftlicher Ebene steigt, war eine durchgängig klar strukturierte Methode zur Konflikthandhabung bereits überfällig. So ist auch erklärbar, warum die Mediation als „neue" Methode so rasche Verbreitung und hohes Interesse findet.

Die Gründe für das gesellschaftlich starke Interesse an der Mediation liegen unter anderem darin, dass in einer immer komplexer werdenden Welt das politisch-administrative System sowie das Wirtschaftssystem kaum mehr fähig sind, die entscheidenden Weichen für eine Gestaltung und Steuerung von gegenwärtigen Problemen und zukünftigen Entwicklungen zu stellen. Die fortschreitende Ausdifferenzierung der Gesellschaft in soziale Teilsysteme wird dann zum Problem, wenn eine kommunikative Vernetzung und Integration kaum mehr gewährleistet ist. Folglich sind Verhandlungssysteme erforderlich, die in der Lage sind, selbstorganisierende Teilsysteme der Gesellschaft zu verbinden und zu vernetzen. Mediation kann dazu beitragen, durch eine angemessene Berücksichtigung aller relevanten Interessen eine effiziente Problemlösung und durch sinnvolle Formen der Beteiligung von Betroffenen einen höheren Grad an Zustimmung zu erreichen.[34]

Mediation ist mit der Organisationsentwicklung in Grundhaltung und Denkweise verwandt. Dies soll die folgende Übersicht (Abb. 3.3) verdeutlichen:

Organisationsentwicklung[35]	Mediation[36]
Die Betroffenen des Prozesses werden zu Beteiligten gemacht und in alle Phasen des Prozesses miteinbezogen.	Alle Beteiligten des Konflikts werden in den Mediationsprozess miteinbezogen.
Der Berater (Change Agent) ist für den Prozess, das Verfahren zuständig und nicht für die Ergebnisse.	Der Mediator ist Manager oder Regisseur der Verhandlungen. Er ist nicht für die Inhalte und das Ergebnis verantwortlich.
Prozesssteuerung durch neutrale Change Agents / Berater.	Vermittlung durch neutrale bzw. allparteiliche Dritte, die Mediatoren.
Ziel der OE ist es, die Problemlösungs- und Erneuerungsprozesse in Organisationen zu verbessern und so dauerhafte Lernprozesse zu initiieren.	Konstruktive Lernprozesse werden in Gang gesetzt. Die Beteiligten lernen in Zukunft anders mit Konflikten umzugehen.
Der OE Berater regt dazu an, auf Lösungen, Ressourcen und zukünftige Möglichkeiten zu fokussieren anstatt auf Probleme und Schwierigkeiten.	In der Mediation geht es nicht um die Probleme der Vergangenheit, sondern darum, wie die Konfliktpartner die Zukunft neu gestalten wollen.

Abb. 3.3 Ähnlichkeiten zwischen Organisationsentwicklung und Mediation

---

[34]Wiedermann und Kessen (1997).

[35]French und Bell (1973) und Baumgartner und Häfele (1998).

[36]Besemer (1999) und Haynes und Bastine (1993).

Bei aller Gemeinsamkeit dürfen aber auch die Unterschiede nicht vergessen werden: Mediation ist eine punktuelle Intervention, während OE ein kontinuierlicher Entwicklungsprozess ist. Mediation ist ein Verfahren zur Konfliktbearbeitung, während OE eine Methode zur Verbesserung und Effektivitätssteigerung einer Organisation ist. Mediation hat jedoch ein hohes Potenzial, die weiter ausgreifenden Prozesse der OE voranzubringen. Das wurde in der OE bislang oft unterschätzt. Von der Mediation können entscheidende Impulse für die Veränderung von Organisationen ausgehen.[37]

Aber nicht nur auf gesellschaftlicher Ebene, sondern auch innerhalb von Unternehmen und Organisationen haben die dynamischen Veränderungen der vergangenen Jahre den Bedarf nach neuen Formen der Koordination und der Steuerung geweckt.

Organisationen als Systeme indirekter Kommunikation[38] benötigen Hierarchien, um die Kommunikation zu organisieren und um ihre Funktionsfähigkeit sicherstellen zu können. Durch die zunehmende Beschleunigung des wirtschaftlichen Wandels und die verschärfte Konkurrenzsituation in den meisten Bereichen kann die Hierarchie strukturell den an sie gestellten Aufgaben kaum mehr gerecht werden.[39]

Waren Vorgesetzte früher noch einigermaßen im Stande, die ihnen von Mitarbeitern zur Verfügung gestellten Informationen zu verarbeiten und entsprechende Entscheidungen zu treffen, so gelingt das heute immer weniger, weil die Menge an Information stetig zunimmt und sich gleichzeitig immer schneller verändert. Viele Entscheidungen müssen nach unten delegiert werden. Dadurch gewinnen die Mitarbeiter an Bedeutung und Einfluss.

Um die Macht der Hierarchie zu stabilisieren, sah man sich veranlasst, zu unterstützenden Organisationsmaßnahmen zu greifen. Zunächst versuchte man es über innere hierarchische Differenzierung. Dieser Weg führte allerdings zur Aufgeblasenheit, zu mehr Komplexität, Schwerfälligkeit und Effizienzverlust. Daher suchte man nach alternativen nicht-hierarchischen Organisationsstrukturen (Projektmanagement, Teamarbeit, autonome Gruppen, u. dgl.). Dies ist Kerngebiet der Organisationsentwicklung.

Mit der Hierarchiekrise stellt sich auch eine Erschütterung des Prinzips der Delegation von Konflikten (an Führungskräfte, Schiedsrichter,...) ein, denn die Krise bringt eine Unzahl neuer Konfliktfelder und -potenziale mit sich, die im alten System nicht lösbar sind, weil diese sie selbst hervorgebracht haben. Teams, Projektgruppen etc. sind dann erfolgreich und effizient, wenn sie nach demokratischen Spielregeln funktionieren, anstatt nach dem hierarchischen Prinzip. Damit stellen sie ein „Gegenmodell" zur klassischen Organisationsform der Hierarchie dar.

Zunächst glaubte man, diese neuen Organisationsformen ließen sich problemlos in die bestehenden Hierarchien einbauen. Allerdings musste man bald erkennen,

---

[37]Kerntke (2004).

[38]Kleingruppen sind Systeme direkter Kommunikation. Sie organisieren sich in Face-to-Face-Interaktionen. Organisationen allerdings, deren Personenanzahl über die der Kleingruppe hinausgeht bedürfen zu ihrer Koordination Formen der indirekten Kommunikation, nämlich Regeln, Richtlinien, Anweisungen, Handbücher, Strukturen und dergleichen mehr.

[39]Heintel (1998).

dass vor allem an den Schnittstellen und Berührungspunkten der unterschiedlichen Organisationselemente permanente Konfliktpotenziale eröffnet wurden. Diese Konflikte lassen sich als permanenter und notwendiger Organisationswiderspruch beschreiben, die dauerhaft organisiert und geregelt werden müssen. Sie können durch die alten hierarchischen Verfahren nicht mehr befriedigend gelöst werden. Das Aufkommen der Mediation hängt wahrscheinlich auch mit dieser Hierarchie- und Delegationskrise zusammen. In dieser Situation müssen neue Lösungsverfahren wie die Mediation entwickelt werden.

In der Praxis zeigt sich das Problem beispielsweise an Projekt- oder Teamleitern, die im Falle von Konflikten gerne Lösungskompetenz übernehmen und in eine Schiedsrichterrolle schlüpfen. Damit (re-)etablieren sie aber innerhalb des Teams hierarchische Strukturen. Sie gefährden dadurch die Organisationsform des Teams, das demokratische Strukturen braucht, um effizient funktionieren zu können.

Auf diese Weise zeigt sich, dass das Arbeiten mit neuen Organisationsformen andere Konfliktlösungsverfahren braucht. Werden diese nicht eingesetzt, können neue Organisationsformen nicht wirksam werden. Teams werden nur dann zu selbständigen, sich selbst steuernden Einheiten, wenn sie imstande sind, die sie betreffenden Konflikte auch selbst zu lösen. Jede Delegation an einen Leiter spaltet die Gruppe und lässt sie nicht als Ganzes zu einer autonomen sozialen Einheit werden. Sie kann dann auch für die von der Organisation vorgesehenen Zwecke nicht optimal funktionieren. Der konsequente Einsatz von komplementären Formen der Konflikthandhabung, insbesondere Mediation, wird somit zum entscheidenden Kriterium für den Erfolg der Organisationsentwicklung.

Neue Formen der Konfliktlösung werden also für Firmen immer wichtiger, manchmal sogar zur entscheidenden Notwendigkeit, um das wirtschaftliche Überleben sicherzustellen. Die Mediation bietet zu diesem Zweck ein Verfahren sowie ein Set von Techniken an. In Organisationen werden komplementäre Formen der Konfliktbearbeitung wie Mediation bisher jedoch nur sehr vereinzelt angewendet. Woran liegt das eigentlich? Was ist der Grund dafür, dass diese Methoden heute noch selten angewendet werden?

3.4 Integrierende Formen des Konfliktmanagements: Zu selten eingesetzt?

Im Kap. 2 habe ich die vier Grundformen des Umgangs mit Konflikten (trennende, sachbezogene, personenbezogene, integrierende Formen) in Organisationen beschrieben. Bei meiner Tätigkeit als Berater und Mediator stelle ich immer wieder fest, dass diese Grunformen nicht in einem ausgewogenen Verhältnis angewendet werden. Die integrierenden Formen werden weitaus seltener eingesetzt als die drei anderen Formen. Die meisten Manager führen lieber Einzelgespräche, analysieren lange das Problem oder treffen eine harte Entscheidung, bevor sie zu einer integrierenden Methode der Konfliktbearbeitung greifen. Die Gründe dafür sind vielfältig: Mediation kostet Zeit und Geld, Konfliktscheuheit, Macht- und Kontrollverlust, Befürchtung von Aufdeckung und Entlarvung, Imageverlust im Kollegenkreis, Fehlendes Know-How im Umgang mit Konflikten.

3.4.1 Mediation kostet Zeit und Geld

Integrierende Methoden, seien es Mediation, Teamentwicklung, Moderation, Supervision oder eine andere Bearbeitungsform benötigen Zeit und kosten Geld. Man muss einen externen Mediator oder Berater suchen, für sich oder seine Mitarbeiter Termine freimachen und später ein Honorar zahlen. Eine Entscheidung zu treffen ist doch viel effizienter, oder?

Mag sein. Es gibt Situationen, die eine Entscheidung erfordern. Es gibt aber ebenso Situationen, wo das Problem durch jede weitere Entscheidung verschlimmert wird. Oder man stellt fest, dass man trotz eingehender Analyse das Problem auf der Sachebene allein nicht lösen kann. In der Praxis ist es oft so, dass Mediation dann angewendet wird, wenn andere Lösungsversuche bereits gescheitert sind. Die Kosten der Mediation müssen also den Kosten der Nicht-Lösung des Konfliktes gegenübergestellt werden. Dabei zeigt sich, dass die Kosten der Medation bei weitem geringer sind als eine Fortsetzung des Konfliktes.

3.4.2 Konfliktscheuheit

Wir alle wissen, dass Konflikte unangenehme Gefühle (bis hin zur nackten Angst) auslösen. Solche Emotionen können so stark werden, dass sie sich wie ein Schlag in die Magengrube anfühlen. Deshalb reagieren wir auch selten mit ruhiger Überlegung. Wir sind völlig involviert und können uns dem Geschehen nicht entziehen.

Diese negative Besetzung von Konflikten hat mit tief verwurzelten Konflikterfahrungen zu tun. Sie hängt wohl auch mit unserer historischen Prägung zusammen. In Urzeiten waren Konflikte grundsätzlich etwas Lebensbedrohendes. Man konnte verlieren, besiegt, oder vernichtet werden. Diese Formen der Lösung von Konflikten waren früher auch konkret verbunden mit Sklaverei, Tod oder Vernichtung der sozialen Existenz. Aber nicht nur von Feinden drohte Gefahr. Mit Freunden Konflikte zu haben, ist vielleicht noch schmerzlicher: Man kann sie verlieren oder aus der Gemeinschaft ausgeschlossen werden. Auch dies kam in früheren Zeiten fast einem Todesurteil gleich.

Auch unsere eigenen Prägungen im Zusammenhang mit Konflikten spielen eine große Rolle. Wurden wir als Kinder bestraft wenn wir einen Streit hatten? Wurden wir erniedrigt oder gar geschlagen? Wurde uns mit Liebesentzug gedroht? Viele von uns haben negative Erfahrungen mit Konflikten gemacht. Wir gehen Konflikten daher lieber aus dem Weg als sich ihnen zu stellen.

Der erste Schritt, die Scheu vor Konflikten zu überwinden, ist die positive Seite von Konflikten zu erkennen. Konflikte haben nicht nur negative, sondern auch positive Aspekte. Sie ermöglichen Erkenntnis und Entwicklung. Im Chinesischen setzt sich das Wort Konflikt aus den Wörtern Chance und Bedrohung zusammen. Eine wesentliche Eigenschaft von erfolgreichen Führungskräften ist der Mut, Chancen zu erkennen und zu nutzen und dabei Auseinandersetzungen nicht aus dem Weg zu gehen.

3.4.3 Macht- und Kontrollverlust

Nicht nur die Furcht vor Emotionalität lässt Führungskräfte davor zurückschrecken, Konflikte auszutragen. Die Angst vor Macht- und Kontrollverlust ist ein weiterer Grund, die Austragung von Konflikten zu scheuen.

Trifft eine Managerin eine Entscheidung, dann hat sie eine Vorstellung, was dabei herauskommt. Lässt sie sich auf Mediation ein, dann ist der Ausgang ungewiss. Was passiert, wenn ihr das Ergebnis nicht gefällt oder Folgewirkungen hat, die man nicht einschätzen kann? Da greift sie doch lieber zu herkömmlichen Bearbeitungsformen! Dies kann ein Trugschluss sein. Gerade in Spannungssituationen bewirken Entscheidungen oft das Gegenteil von dem, was man erreichen will. Wendet man jedoch eine integrierende Konfliktbearbeitungsmethode an, dann werden neue, ungewöhnliche Lösungen möglich, die von den Beteiligten mitgetragen werden, weil sie diese selbst entwickelt haben. Gleichzeitig steigt das Vertrauen und die Loyalität der Mitarbeiter, weil sie in die Lösungssuche eingebunden wurden.

3.4.4 Befürchtung von Aufdeckung und Entlarvung

Eine weitere häufig anzutreffende Befürchtung ist die vor Aufdeckung bzw. Entlarvung. In jedem sozialen System, von der Arbeitsgruppe bis zur gesamten Organisation, gibt es Tabus, „Leichen im Keller", also potenziell gefährliche Informationen, die einige, manche oder alle kennen, sie aber verschweigen oder verleugnen, weil sie die Konsequenzen fürchten. Beispiele hierfür sind finanzielle Ungereimtheiten, Affären, Gefälligkeiten an Einzelne und dergleichen mehr. Manche Führungskräfte befürchten, dass zusammenführende Formen der Konflikthandhabung Prozesse in Gang setzen, die Unerwünschtes zu Tage fördern.

Auf der anderen Seite stellt es natürlich ein nicht unbeträchtliches Risiko dar, Dinge mit Gewalt zu verbergen und darauf zu hoffen, dass irgendwann Gras über die Sache wächst. Diese Hoffnung kann sich als trügerisch herausstellen. Hier ist es besser, die Dinge offen anzusprechen, vielleicht Fehler einzugestehen und gemeinsam mit den Betroffenen nach einer konstruktiven Lösung zu suchen.

3.4.5 Imageverlust im Kollegenkreis

Manchmal wirkt auch Imageverlust im Kollegenkreis als Hemmnis, sich der Konfliktbearbeitung zu stellen. Führungskräfte orientieren sich oft am Idealbild des erfolgreichen, durchsetzungsstarken Managers, der alle Probleme selbst lösen kann. Was würden die Kollegen sagen, wenn bekannt wird, dass er für die Lösung eines

Konfliktes in seinem Team externe Unterstützung in Anspruch nimmt? Hier spielt die Unternehmenskultur eine bedeutende Rolle. Ist es ein Zeichen von Schwäche, wenn man sich externe Unterstützung holt?

Am Ende des Tages zählt, wie erfolgreich das Team oder die Abteilung ihre Aufgabe wahrnimmt und welche Qualität ihr Beitrag zum Unternehmenserfolg hat. Wie man dieses Ziel erreicht, ob mit oder ohne externer Unterstützung ist dann weniger wichtig. Unbestritten ist, dass positiv bewältigte Konflikte den internen Zusammenhalt stärken und die Motivation der Mannschaft fördern.

3.4.6 Fehlendes Know-How im Umgang mit Konflikten

Nicht zuletzt das fehlende Know-How im Umgang mit Konflikten hindert Führungskräfte daran, sich aktiv am Konfliktgeschehen zu beteiligen. Was mache ich, wenn ich angegriffen werde? Wie gehe ich damit um, wenn eine Kollegin einen Gefühlsausbruch hat oder gar aggressiv wird? Vielleicht komme ich eine Situation, mit der ich nicht umgehen kann?

Solche und ähnliche Fragen stellen sich Führungskräfte häufig. Im Umgang mit schwierigen Problemen und Konflikten im zwischenmenschlichen Bereich sind sie meist nicht geschult. Dieses Fach wird in Schulen und Universitäten heute selten gelehrt.

Seminare im Bereich Konfliktmanagement sind daher zentraler Bestandteil jeder Führungskräfteausbildung. Dieses Thema sollte in Zukunft noch weiter ausgebaut werden, ergänzt um regelmäßige Möglichkeiten zur Reflexion der eigenen Rolle als Manager bzw. Managerin sowie durch Einzelcoaching.

3.5 Konsequenzen des unterdurchschnittlichen Einsatzes der Formen des Konfliktmanagements

Die unausgewogene Handhabung von Konflikten in Unternehmen führt dazu, dass häufig Konflikte „falsch" gelöst werden. Inadäquate Konfliktbehandlung erkennt man, wie bereits erwähnt, zum Beispiel daran, dass der gleiche Konflikt nach mehreren Lösungsversuchen immer wieder auftaucht oder negative Spuren hinterlässt.

Die Folge davon ist, dass viele Konflikte bestehen bleiben, weiter eskalieren und schließlich bedeutenden Schaden anrichten. Es beginnt mit Frustration der Mitarbeiter und endet bei innerlicher oder tatsächlicher Kündigung oder vor dem Arbeitsgericht. All das verursacht erhebliche Kosten für das Unternehmen.

Es ist daher von großer Bedeutung, dass Mitarbeiter und Führungskräfte die vier Grundformen der Konflikthandhabung kennen und diese Formen in einem ausgewogenen Maß anwenden können. Keine der vier Arten ist in jedem Konfliktfall angebracht. Wenn immer wieder das gleiche getan wird, bleiben die gleichen Konflikte dem System dauerhaft erhalten. Es kommt darauf an zu wissen, in welcher Situation welche Konflikthandhabungsform sinnvoll und nützlich

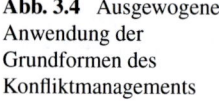

Abb. 3.4 Ausgewogene
Anwendung der
Grundformen des
Konfliktmanagements

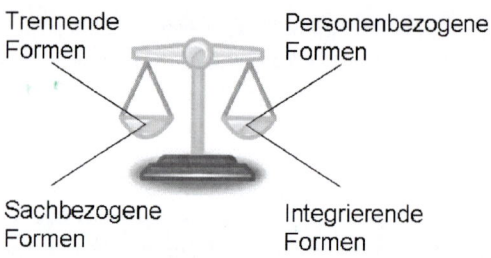

Trennende
Formen

Personenbezogene
Formen

Sachbezogene
Formen

Integrierende
Formen

ist. Das Effizienzsteigerungs- und Kostensenkungspotenzial des Konfliktmanagements kann erst dann eröffnet werden, wenn es gelingt, die vier Formen in einem situationsadäquaten Maß anzuwenden (siehe Abb. 3.4).

Konfliktmanagement in Unternehmen erfordert das Wissen um die möglichen Methoden und Formen der Konfliktbearbeitung. Die Kompetenz, hier die richtige Auswahl zu treffen ist ein entscheidender Erfolgsfaktor einer Führungskraft.

Dabei geht es nicht nur um die Auswahl der richtigen Methode sondern auch darum, wer welche Maßnahme setzt, also um die Entscheidung, ob und wie externe Unterstützung und Beratung beigezogen wird. Die Vorstellung, dass Führungskräfte alle Konflikte selber lösen müssen, sollte der Vergangenheit angehören.

3.6 Der schwierige Chef: wie es weiterging...

Nach einigen Verständnisfragen und kurzem Überlegen entschied ich mich dafür, Herrn Ivanov Coaching anzubieten. Er ging sofort darauf ein weil er sich davon eine bessere Orientierung in dieser schwierigen Situation versprach.

Zunächst analysierten wir das Problem und definierten einen gewünschten Zielzustand. Wir entwickelten mögliche Handlungsoptionen und testeten diese anhand von realistischen Szenarien. Schließlich bereitete ich ihn auf ein persönliches Gespräch mit seinem Vorgesetzten Herrn Lauer vor. Zur Überraschung von Herrn Ivanov verlief dieses Gespräch besser als er erwartet hatte. Es gelang ihm, seine Leistung für die Abteilung darzustellen und einige Missverständnisse auszuräumen. Er hatte auch den Eindruck, dass seinem Chef einige Dinge bewusst wurden, die er vorher anders gesehen hatte. Dieser gab auch zu, Fehler gemacht zu haben. Die Arbeitssituation verbesserte sich für Ivanov danach deutlich.

Warum wurde in diesem Fall Coaching versucht und nicht eine andere Form der Konfliktbearbeitung, zum Beispiel Mediation? In diesem Fall war nicht sicher, ob der Vorgesetzte überhaupt bereit gewesen wäre, an einer Mediation teilzunehmen. Hätte man versucht, ihn für eine Mediation zu gewinnen, dann hätte er sich unter Umständen bloßgestellt oder von seinem Mitarbeiter verraten gefühlt. Dies hätte die ohnehin schon belastete Situation für Ivanov wahrscheinlich weiter verschlechtert. Coaching war das passende Verfahren, weil hier Lösungsoptionen entwickelt werden konnten, ohne eine weitere Person miteinbeziehen zu müssen. Darin liegt die Stärke und gleichzeitig die Grenze des Coachings. Manche Probleme können im Coaching nicht gelöst werden, weil sie zur Lösung mehr als eine Person benötigen. In solchen Situationen ist oft Mediation das angezeigte Verfahren.

Abb. 3.5 Zwei Hunde

Kapitel 4
Mediation

Dieses Kapitel führt Sie in die zentrale Methode des Konfliktmanagements, die Mediation ein. Ich gebe einen geschichtlichen Überblick über die historischen Wurzeln der Mediation und erläutere das Phasenmodell, den strukturellen Rahmen des Verfahrens, an dem sich die Vorgehensweise des Mediators orientiert. Dieses Modell hilft Ihnen auch als Führungskraft, Projektmanager oder Mitarbeiter dabei, im gegebenen Fall eine rasche und nachhaltige Lösung für einen Konflikt zu finden. Die Phasen heißen Rahmenphase, Themensammlung, Konfliktbearbeitung, Lösungssuche, Vereinbarung. Diese fünf Schritte werden von einer Vor- und einer Nachbereitungsphase (Prä- und Post-Mediation) umrahmt und abgesichert.

4.1 Die Leistungsbeurteilung

„Wir haben hier eine schwierige Situation" eröffnet Personalleiter Koller das Gespräch. Finanzvorstand Grün pflichtet ihm bei. „Herr Herbst ist ein hochbezahlter Spezialist, der allerdings mit seinen Vorgesetzten seit Jahren immer wieder Probleme hat. Bei der letzten Leistungsbeurteilung wurde er auf einer Skala von A-F mit „D" beurteilt. Seither gibt es in der Abteilung schlechte Stimmung. Er möchte mit seiner Chefin Resch nicht mehr zusammenarbeiten. Eine Versetzung ist leider nicht möglich, und eine Kündigung wäre für uns aus verschiedenen Gründen ein großes Problem. Wir haben daher an Mediation gedacht. Darum haben wir Sie hergebeten."

Einmal im Jahr muss Frau Resch, so wie alle Führungskräfte, mit jedem ihrer Mitarbeiter ein persönliches Gespräch führen, in dem sowohl die positiven wie auch die problematischen Aspekte der Zusammenarbeit besprochen werden und schließlich die Leistung aus der Sicht der Führungskraft beurteilt wird. Dieses Gespräch hat für die Mitarbeiter große Bedeutung, denn von der Beurteilung hängt ein Teil ihres Gehalts sowie ihre Karrierechancen ab.

„Herr Herbst ist ein eigenwilliger Mann, dessen Leistung außerdem einiges zu wünschen übrig lässt," erklärt Resch im Vier-Augen-Gespräch. „Er selbst sieht sich

S. Proksch, *Konfliktmanagement im Unternehmen*,
DOI 10.1007/978-3-642-12223-1_4, © Springer-Verlag Berlin Heidelberg 2010

aber als wichtiger Leistungsträger der Abteilung. Irgendwie kommen wir beide nicht zusammen. Jedenfalls musste ich ihm beim letzten Gespräch deutlich machen, dass ich mit seiner Leistung und seinem Arbeitstempo ganz und gar nicht zufrieden war. Ich glaube, das ist mir nicht gut geglückt. Herbst scheint da etwas in die falsche Kehle bekommen zu haben. Am Schluss ist er wutentbrannt aufgestanden und hat das Besprechungszimmer verlassen. Am nächsten Tag war er krank. Danach ist er wieder im Büro erschienen, so als ob nichts geschehen wäre. Seither hat sich seine Arbeitsmoral noch weiter verschlechtert."

Am gleichen Tag suche ich Herrn Herbst auf. „Wenn es so weitergeht mit dieser sogenannten Managerin, dann gibt es bald den totalen Krieg. Sie muss erst einmal lernen, mit ihren Mitarbeitern respektvoll umzugehen. Wenn ihr mein Aussehen und mein Kleidungsstil nicht passt, dann ist das ihr Problem. Das hier ist schließlich ein Büro und keine Hotelbar. Aber das ist nur das eine Problem. Das andere ist, dass ich monatelang kein Feedback bekomme und dann plötzlich kommt der Paukenschlag. So kann das nicht funktionieren. . ."

So ein Problem ist Ihnen vielleicht auch schon begegnet. Wie gehen Sie damit um? Gehören Sie zu denen, die immer eine schnelle Lösung parat haben, vielleicht sogar eine Kündigung aussprechen, oder überlegen Sie lange hin und her und das Problem verschlimmert sich zusehends?

In Kap. 3 habe ich die komplementären Methoden der Konfliktbearbeitung besprochen. Sie werden manchmal bei Konflikten, manchmal bei anderen Problemstellungen angewendet. Nur ein Verfahren wurde speziell zur Konfliktbearbeitung entwickelt: die Mediation. Daher ist Mediation die zentrale Methode, der Dreh- und Angelpunkt des komplementären, des „neuen" Konfliktmanagements.

Was ist Mediation? Die Definition des Österreichischen Zivilrechtsmediations-gesetzes[40] lautet: „Mediation ist eine auf Freiwilligkeit der Parteien beruhende Tätigkeit, bei der ein fachlich ausgebildeter, neutraler Vermittler (Mediator) mit anerkannten Methoden die Kommunikation zwischen den Parteien systematisch mit dem Ziel fördert, eine von den Parteien selbst verantwortete Lösung ihres Konfliktes zu ermöglichen."

4.2 Mediation: Die Entstehung

Mediation ist ein sehr altes Verfahren des Konfliktmanagements, das in der heutigen Form in den USA in den 1960er und 1970er Jahren bekannt wurde.[41] Obwohl sich die Mediation wie wir sie heute kennen in Nordamerika entwickelt hat, ist das Verfahren selbst eine Mischung aus Konfliktlösungspraktiken verschiedenster Völker und Kulturen. Der Grundgedanke der Mediation, die Zuhilfenahme eines neutralen Dritten als Vermittler, findet man bereits im alten China und Japan, wo Religion und Philosophie seit jeher eine starke Betonung auf Kooperation und Konsens legten.

---

[40]Zivilrechts-Mediations-Gesetz (ZivMediatG) der Republik Österreich (2003).

[41]Besemer (1999).

In der Volksrepublik China wird sie noch heute in den sogenannten „Volksversöhnungskomitees" angewendet. Ein Übereinkommen zu finden gilt im chinesischen Rechtssystem mehr als persönliche Positionen auf Kosten anderer durchzusetzen. Es ist daher nicht verwunderlich, dass es chinesische Einwanderer waren, die die ersten Vermittlungszentren in den USA errichtet und so zur Verbreitung dieses Verfahrens in Nordamerika beigetragen haben.

Im antiken Griechenland wurden Konflikte zwischen den Stadtstaaten durch die Vermittlung anderer Städte beigelegt. In vielen Volksstämmen Afrikas gibt es die Einrichtung der Volksversammlung. Jeder hat das Recht, eine solche Versammlung einzuberufen, bei der eine angesehene Person als Mediator dient, um den beteiligten Parteien zu helfen, ihren Konflikt zu lösen.

Auch in der Bibel finden sich bereits Ratschläge zur informellen, außergerichtlichen Konfliktbeilegung durch Dritte: Im Matthäus-Evangelium (18,15–17) wird berichtet, wie Jesus empfiehlt, einen oder zwei Außenstehende hinzuzuziehen, wenn ein Regelverstoß nicht im direkten Gespräch bereinigt werden kann. Die Kirche in Westeuropa war vielleicht die wichtigste Mediations- und Konfliktregelungsorganisation im Mittelalter. Priester vermittelten bei Familienstreitigkeiten, bei Verbrechen und bei diplomatischen Konflikten. Bekanntestes Beispiel ist der Westfälische Friede von 1648, der über Vermittlung eines vom Papst entsandten „mediator pacis" zu Stande kam. Auch heute noch übernehmen Geistliche in vielen Fällen eine aktive Rolle als Vermittler zwischen Gemeindemitgliedern. Innerhalb der jüdischen Gemeinde haben Rabbiner bei Konflikten vermittelt.[42]

Bei Arbeitskämpfen wurden Konfliktvermittler ebenfalls erfolgreich eingesetzt. In den USA wurde 1947 zu diesem Zweck das „Federal Mediation and Conciliation Service" gegründet. Eine wichtige Vorreiterrolle spielte der 1964 gegründete „Community Relations Service" (CRS) des Justizministeriums der USA. Diese Einrichtung sollte helfen, Konflikte und Diskriminierungen ethnischer oder nationaler Art durch Mediation und Verhandlung zu lösen. Im kommunalen Bereich wurden „Neighborhood Justice Centers" (NJC) eingerichtet, die kostenlose oder kostengünstige Mediationsdienste im Bereich von Nachbarschaftsstreitigkeiten, Ehe- und Familienkonflikten, bei gewalttätigen Auseinandersetzungen und dergleichen anbieten. Bei Umweltkonflikten haben Mediationsverfahren nicht nur in Nordamerika, sondern auch in Japan und Europa zunehmend an Bedeutung gewonnen.

Der am schnellsten wachsende Bereich, sowohl in den USA als auch in Europa, ist die Mediation bei Familienkonflikten und im Zusammenhang mit Scheidungen. Die rasch steigende Zahl von Scheidungen führte zu einer Überlastung der Gerichte. Deshalb wurde nach anderen Möglichkeiten gesucht, mit Trennung und deren Folgen umzugehen. Mediation hat sich in diesem Bereich sehr bewährt und dazu beigetragen, dass diese Methode heute in weiten Teilen der Bevölkerung bekannt und akzeptiert ist.

---

[42] Duss von Werdt.

Schließlich ist noch die Mediation bei politischen und internationalen Konflikten erwähnenswert. Sowohl im Rahmen der UNO, die im Artikel 33 ihrer Charta Mediation als eine der verschiedenen Konfliktlösungsmöglichkeiten vorsieht, als auch aufgrund von Initiativen einzelner Staaten oder Organisationen wurde in mehreren politischen Konflikten vermittelt. Am bekanntesten ist das Camp-David-Abkommen von 1978, das den Frieden zwischen Israel und Ägypten brachte und durch die Vermittlung von Präsident Carter zustande kam.

Auch die europäische Kommission hat das Thema aufgegrifffen und im Jahr 2002 ein „Grünbuch über alternative Verfahren zur Streitbeilegung im Zivil- und Handelsrecht" sowie einen „European Code of Conduct for Mediators" veröffentlicht. Dadurch soll die außergerichtliche Streitbeilegung gefördert und weiterentwickelt werden. Die EU-Richtlinie 2008/52/EG des Europäischen Parlaments und des Rates verpflichtet die Mitgliedsstaaten dazu, bis 2011 für grenzüberschreitende Konflikte eine Regelung für außergerichtliche Streitbeilegung zu entwickeln. Parallel dazu hat die deutsche Bundesregierung beschlossen, die Mediation gesetzlich zu regeln. In Österreich ist die Mediation seit 2003 gesetzlich geregelt.

Mediation hat sich in vielen Bereichen des Wirtschaftslebens bewährt und ist in den meisten Eskalationsstufen eines Konfliktes einsetzbar. In Organisationen wird Mediation beispielsweise bei Konflikten, die durch Umstrukturierungen und Personalabbau hervorgerufen werden, ebenso wie bei Differenzen zwischen Geschäftsführern, Abteilungen, innerhalb von Arbeitsabläufen oder bei interkulturellen Konflikten eingesetzt, um nur einige Beispiele zu nennen.

Um innerbetriebliche Mediation handelt es sich, wenn Mediation zwischen Mitgliedern der gleichen Organisation stattfindet. Eine solche Mediation kann von internen oder externen Mediatoren durchgeführt werden. Ein Spezialfall der innerbetrieblichen Mediation ist die interne Mediation. Interne Mediatoren sind Personen, die im Unternehmen angestellt sind und eine Ausbildung zum Mediator oder eine vergleichbare Ausbildung absolviert haben. Wenn diese eine Mediation in ihrer Organisation durchführen, handelt es sich um eine interne Mediation.

Da die Mediation Teil ihres Arbeitsauftrages ist, werden interne Mediatoren im Rahmen ihres Dienstverhältnisses entlohnt. Externe Mediatoren sind Selbständige, die nicht im Unternehmen angestellt sind und auf Honorarbasis bezahlt werden. Durch die Gesamtbeurteilung des zu klärenden Problems ist die Entscheidung zu treffen, ob interne oder externe Mediatoren vorzuziehen sind.

4.3 Das Phasenmodell der Mediation

Als Führungskraft oder als Mitarbeiterin einer Organisation gehört es zu Ihren Aufgaben, Probleme zu lösen. Differenzen und Konflikte treten immer wieder auf, und Mediation ist manchmal die geeignete Methode zu deren Lösung. Wie bereits erwähnt ist Mediation eine Mischung aus Konfliktlösungspraktiken verschiedenster Völker und Kulturen. Das Neue daran ist die klare Strukturierung des Mediationsprozesses, das sogenannte Phasenmodell.

Abb. 4.1 Das Phasenmodell
der Mediation

Prä-Mediationsphase

1. Rahmenphase

2. Themensammlung

3. Konfliktbearbeitung

4. Lösungssuche

5. Vereinbarung

Post-Mediationsphase

Dieses Modell können sie sich als Führungskraft, Projektleiter oder Mitarbeiter zu Nutze machen um Konflikte besser und sicherer einer konstruktiven Lösung zuzuführen.

Das Phasenmodell der Mediation hat sich als sehr brauchbares Gerüst zur Konfliktbearbeitung erwiesen, denn es hat zwei sehr praktische Vorteile: Zum einen gibt es Orientierung und Sicherheit im Dschungel der Konfliktbearbeitung. Sie wissen immer wo Sie stehen und was der nächste sinnvolle Schritt ist. Zum anderen bewahrt es Sie vor groben Fehlern, die eine Konfliktlösung erschweren. Ein solcher klassischer Fehler besteht beispielsweise darin, sich zu Beginn gleich mit dem Konfliktgeschehen zu beschäftigen anstatt zuerst die Rahmenbedingungen zu klären.

Das Modell besteht im Kern aus fünf Phasen: Rahmenphase, Themensammlung, Konfliktbearbeitung, Lösungssuche, Vereinbarung. Umrahmt werden diese Phasen jeweils durch eine Prä-Mediationsphase (vor Beginn der eigentlichen Konfliktbearbeitung mit den beteiligten Parteien) und eine Post-Mediationsphase (nach Abschluss der Konfliktbearbeitung).[43] (siehe Abb. 4.1)

4.3.1 Prä-Mediationsphase

Der Erfolg einer Mediation, und nichts anderes ist es, wenn Sie in die Rolle des Konfliktmanagers schlüpfen, hängt zu einem großen Teil von der Vorbereitung in

---

[43]Lenz und Mueller (1999).

der Prä-Mediationsphase ab. Einer der häufigsten Gründe für das Scheitern liegt in
ungenügender Vorbereitung.

Die Prä-Mediationsphase besteht aus drei Teilen:

- den Vorgesprächen
- der Konfliktanalyse und
- der Durchführungsplanung

4.3.1.1 Vorgespräche

Der erste Schritt besteht darin, dass Sie mit den Beteiligten jeweils ein Gespräch
unter vier Augen führen. Es ist riskant in die Konfliktklärung einzusteigen ohne
sich vorab einen Überblick über die Gesamtsituation zu verschaffen. Die Konflikt-
landschaft ist oft komplex und die Probleme sind ineinander verzahnt. Sie müssen
als Konfliktmanager die Situation richtig eingrenzen, den Konflikt analysieren,
die Erfolgsaussichten einschätzen und die Bereitschaft der Parteien, am Verfahren
teilzunehmen, klären.

Im Rahmen dieses Einzelgesprächs mit den Beteiligten Konfliktparteien halte ich
es für wichtig, folgende Themen zu besprechen:

- Worin besteht der Konflikt/das Problem aus der Sicht der jeweiligen Person?
  Sie verschaffen sich so einen groben Überblick über die Problemstellung. Dabei
  sollten Sie nicht zu sehr ins Detail gehen, sonst sehen Sie bald den Wald vor
  lauter Bäumen nicht mehr.
- Wer ist am Konflikt beteiligt?
  Wenn die falschen Personen an der Konfliktbearbeitung teilnehmen, riskieren Sie
  das Scheitern der Mediation.
- Was ist Ihr (des Klienten) Anliegen bzw. Interesse?
  Das Anliegen zeigt die Richtung des Weges, an dessen Ende eine Lösung stehen
  kann. Sind die Anliegen der Parteien völlig konträr dann ist es unwahrschein-
  lich, dass im Rahmen einer Mediation eine Lösung gefunden werden kann.
  Gemeinsame bzw. ähnlich gelagerte Interessen sind eine wichtige Voraussetzung
  für eine erfolgreiche Mediation. Fehlen diese, dann ist unter Umständen eine
  Entscheidung durch den Vorgesetzten oder ein anderes Vorgehen sinnvoller.
- Was erwarten die Beteiligten von Ihnen (als Führungskraft, als Projektleiter, als
  Konfliktmanager,...?)
  Wollen die Beteiligten, dass Sie eine Entscheidung treffen? Wollen sie, dass
  Sie „nur" eine moderierende Funktion wahrnehmen? Oder wollen sie einen
  fachlichen Rat von Ihnen? Sie müssen entscheiden, wie Sie Ihre Rolle als Kon-
  fliktmanager wahrnehmen wollen und das den Beteiligten auch sagen. Falsche
  Erwartungen führen zu Enttäuschungen.
- Besteht bei den Konfliktparteien die Bereitschaft, den Konflikt zu lösen?
  Wollen die Beteiligten eine Lösung oder wollen Sie Recht bekommen? Wollen
  sie nur eine Bestätigung Ihrer Sichtweise erhalten oder sind sie bereit, auch andere Standpunkte gelten zu lassen? Wenn keine Verhandlungsbereitschaft besteht

sollte von einer Mediation abstand genommen werden. Die Hoffnung, die Beteiligten werden im Laufe der Gespräche schon „zur Einsicht kommen", hat sich zumeist als trügerisch erwiesen.

- Welche Rahmenbedingungen spielen eine Rolle?
  Gibt es Rahmenbedingungen, die eine erfolgreiche Konfliktbearbeitung erschweren oder gar unmöglich machen? (getroffene Vereinbarungen mit Dritten, Deadlines,...)
- Wer soll die Mediation durchführen?
  Führen Sie selbst die Konfliktbearbeitung in Ihrer Rolle als Führungskraft, Projektleiter, Konfliktmanager und dergleichen durch oder ist in diesem Fall ein externer Experte erforderlich? Wenn ein hohes Maß an Unabhängigkeit, Neutralität oder Objektivität wünschenswert ist, dann sollte ein externer Mediator zugezogen werden.

4.3.1.2 Konfliktanalyse

Haben Sie die Vorgespräche abgeschlossen, dann sollten Sie als nächstes eine Analyse dieser Gespräche durchführen. Von dem Ergebnis hängt es ab, ob eine Konfliktbearbeitung mittels Mediation stattfindet und wenn ja, in welcher Form.

Sie haben sich einen groben Überblick über den Konflikt und die unterschiedlichen Sichtweisen der Parteien verschafft. Denken Sie daran: Was Ihnen die Parteien erzählen ist immer nur die Spitze des Eisbergs. Was dahinter, bzw. unter der Wasseroberfläche verborgen liegt, ist oft etwas völlig anderes, zumeist größer und umfangreicher als der vordergründige Streitinhalt. Der tatsächliche Konfliktgenstand lässt sich meist nur erahnen. Sie müssen nun entscheiden, ob Sie sich den Umgang mit dem Thema zutrauen bzw. die Zeit und das Interesse aufbringen, in die Rolle des Mediators zu schlüpfen. Grundsätzlich spricht nichts dagegen, doch sollten Sie sich fragen, ob Sie dem Geschehen ausreichend neutral gegenüberstehen oder ob Sie selbst darin verstrickt sind. Dies wäre ein Grund, einen externen Mediator beizuziehen.

Die Analyse beginnt meistens mit folgenden Fragestellungen: Wer sind die Konfliktparteien? Können Sie diese an den Verhandlungstisch bringen? Sind diese bereit, sich dem Konflikt zu stellen und nach einer konstruktiven Lösung zu suchen? Wenn diese Frage mit Nein beantwortet wird, dann scheidet Mediation als Konfliktbearbeitungsverfahren aus. Dies gilt ebenso dann, wenn es keine gemeinsamen Interessen gibt.

Ausserdem sollten Sie sich fragen, ob der Konflikt Risiken für Sie als Konfliktmanager bzw. Mediator birgt. Beispielsweise könnten Sie befürchten, Ihre Neutralität zu verlieren und dadurch die gute Arbeitsbeziehung zu einer der Konfliktparteien zu gefährden. Oder Sie haben aufgrund der speziellen Umstände des Falles Sorge, ihre eigene Karriere zu gefährden. Dieses wären Gründe, den Fall an einen externen Mediator abzugeben.

Schließlich sollten Sie sich nochmals fragen, welche Methode der Konfliktbearbeitung für diesen Fall sinnvoll erscheint. Ist die Entscheidung für Mediation schon gefallen? Oder genügt eine Moderation? Wäre vielleicht ein (Einzel-) Coaching angebracht? Oder handelt es sich um einen Fall für Teamentwicklung? Anhaltspunkte für eine Entscheidung finden Sie im Kap. 3.

4.3.1.3 Durchführungsplanung

Wenn Sie sich für Mediation entschieden haben, können Sie nun daran gehen, den ersten gemeinsamen Gesprächstermin vorzubereiten. Ein ruhiger Ort, an dem man ungestört arbeiten kann, ist eine wichtige Voraussetzung für eine erfolgreiche Konfliktbearbeitung. Ein Flipchart sollte vorhanden sein, um wichtige Aspekte der Diskussion für alle sichtbar festhalten zu können.

Außerdem sollten Sie den Einstieg, den Beginn der gemeinsamen Gespräche sowie den Schluss der ersten Sitzung vorüberlegen sowie sich auf mögliche inhaltliche Themen und Problemstellungen vorbereiten.

4.3.2 Rahmenphase

Den ersten inhaltlichen Schritt der Konfliktbearbeitung im Zuge einer Mediation nenne ich Rahmenphase. Hier werden die Rahmenbedingungen für die gemeinsame Arbeit an der Konfliktlösung festgelegt. Offenheit und Transparenz schaffen Vertrauen und sind damit eine wichtige Voraussetzung für eine erfolgreiche Lösungsarbeit. Daher sollten ab diesem Zeitpunkt die Gespräche nur mehr in Anwesenheit aller beteiligten Personen stattfinden.

Nach dem üblichen „Small Talk" sollten Sie mit den Parteien ganz banale Dinge wie die räumliche Umgebung („Haben Sie alles was Sie brauchen? Ist der Raum so wie er ist für Sie angenehm zum Arbeiten? Möchten Sie noch Kaffee oder Wasser?...."), Zeit („Wie lange wollen wir uns für dieses Gespräch Zeit nehmen?...") und dergleichen besprechen.. Auf diese Weise kann sich eine entspannte Gesprächsatmosphäre entwickeln und die Parteien können Dinge, die außerhalb des eigentlichen Themas liegen aber dennoch ablenken, geistig abhaken.

Bevor Sie jeder Konfliktpartei die Möglichkeit geben, das Problem aus ihrer Sicht zu schildern besprechen Sie mit ihnen die Zielsetzung. Aus dem was Sie in den Vorgesprächen gehört haben entwickeln sie gemeinsam ein Ziel. Dieses sollte global, also wenig spezifisch und positiv formuliert sein. Ein spezifisches Ziel würde die Lösungsmöglichkeiten zu sehr einschränken. Positiv formuliert bedeutet: die Klienten müssen artikulieren, was sie wollen anstatt zu sagen was sie nicht wollen.

Beispiele sind: „Herstellung einer konstruktiven Arbeitsbeziehung" oder „Klärung von Aufgaben und Rollen der Konfliktparteien" oder „Trennung ohne Schaden für die Beteiligten und die Firma". Ohne definiertes Ziel zu arbeiten birgt die Gefahr, sich in der Komplexität des Konfliktgeschehens zu verlieren oder ein vermeintliches Ziel zu verfolgen, was zu Frustration führen kann.

Abhängig von der Situation und der Eskalationsstufe kann es sinnvoll sein, zu Beginn der gemeinsamen Sitzungen mit den Beteiligten Gesprächsregeln (z.B. Aussprechen lassen, keine Untergriffe,....) zu vereinbaren. Diese ermöglichen es Ihnen, den Prozess konstruktiv zu lenken.

In dieser Phase ist es wichtig, Ihre eigene Rolle in diesem Prozess deutlich zu machen. Wollen Sie allparteilicher Vermittler sein, der selbst nicht entscheidet oder wollen Sie nur die Argumente hören und anschließend selbst entscheiden? Ihre Rolle sollten Sie mit den Parteien vereinbaren, um Enttäuschungen zu vermeiden.

4.3.3 Themensammlung

Als nächsten Schritt, gleichsam als Einstieg in die Thematik geben Sie den Parteien eine Rückmeldung darüber, was die Vorgespräche ergeben haben. Dabei gehen Sie nicht auf Details aus den Einzelgesprächen ein, da diese vertraulich sind, sondern Sie geben in abstrahierter Form einen Überblick über die Problemstellung, so wie Sie diese sehen. Hilfreich ist es in dieser Phase auch, die gemeinsamen Interessen der Konfliktparteien hervorzustreichen, so wie sie in den Einzelgesprächen deutlich wurden. Sie ermöglichen einen positiven und zukunftsorientierten Start in das Gespräch.[44]
Aus der Problemstellung können sich bereits Schwerpunkte für den Beginn der Arbeit ergeben. Ergänzend dazu bitten Sie die Teilnehmer, jene Themen aufzuzeigen, welche Sie auf jeden Fall behandeln möchten. Ein Flipchart eignet sich hervorragend dazu, eine Liste der Themen zu erstellen und zu visualisieren. Auf diese Weise entsteht das „Inhaltsverzeichnis" der Mediation. Anschließend werden die Themen eines nach dem anderen abgearbeitet. An dieser Stelle empfiehlt sich eine straffe Führung des Gesprächs. Streitgespräche zwischen den Konfliktparteien sollten noch nicht zugelassen werden.
Auch in dieser Phase haben die Konfliktparteien noch nicht die Gelegenheit, ihre gesamte „Leidensgeschichte" beziehungsweise „Problemdarstellung" vom Stapel zu lassen. Zuerst wird das gesamte Problem in kleinere, handhabbare Themen zerlegt.

4.3.4 Konfliktbearbeitung

Erst jetzt, in dieser Phase, steigen wir in die inhaltliche Konfliktbearbeitung ein. Die Phase der Konfliktbearbeitung hat den Zweck zu erfassen, welche Motive, Bedürfnisse und Interessen hinter den Positionen verborgen sind. Ist das Thema, mit dem Sie beginnen möchten, identifiziert, dann erhält jeder Beteiligte, einer nach dem anderen (endlich) Gelegenheit, seine Sichtweise nur zu diesem (!) Thema darzustellen. Auf diese Weise werden ausufernde Darstellungen oder Rundumschläge verhindert.
Die Parteien sind sich zu Beginn der Mediation oft nicht oder nur teilweise über ihre eigenen Interessen und Bedürfnisse, die durch den Konflikt beeinträchtigt oder bedroht werden im Klaren. Durch die mündliche Darstellung wird den Teilnehmern oft erst ihr Anliegen bewusst. Der anderen Partei wird auch oft erst durch Zuhören klar, was die Anliegen der Gegenseite sind. Sie selbst als Mediator unterstützen die Darlegung durch offene fragende Gesprächsführung.

---

[44]Proksch et al. (2004).

Wenn Menschen durch einen Konflikt betroffen sind, dann wissen sie meist genau, was sie nicht wollen. Selten wissen sie, was sie stattdessen wollen. Fast nie wissen sie, warum sie etwas wollen und was ihre Bedürfnisse sind. Wenn es dem Mediator im Rahmen der Konfliktklärung gelingt, zu den Bedürfnissen vorzudringen, dann ist der Weg zur Lösung geebnet.

Ein Konflikt führt dazu, dass die Parteien auf ihren Standpunkt fixiert sind, dass sie die „Schuld" nur bei der Gegenseite sehen und dass sie sich über ihren eigenen Beitrag zum Konflikt kaum im Klaren sind. Die Durchsetzung der eigenen Position wird zum Anliegen, dem oft höhere Bedeutung beigemessen wird, als der eigentlichen Problemstellung. „Gewinnen" wird wichtiger als eine angemessene Lösung. Der Vermittler hat daher in dieser Phase die Aufgabe, den Parteien zu helfen, sich wieder auf die Lösung zu konzentrieren. Deshalb ist es in dieser Phase wichtig, dass die Konfliktmanagerin gemeinsam mit den Klienten behutsam die hinter der Problemsicht verborgenen Bedürfnisse und Interessen herausarbeitet. Auf diese Weise kann eine neue Sicht der Dinge entstehen.

Die wichtigsten Schritte in dieser Phase sind: Bewusstmachung aller bedeutsamen Anliegen der Parteien (wodurch „Obsiegen" und „Bestrafen" an Wichtigkeit verlieren) sowie des Unternehmens oder relevanter dritter Personen. Verhärtete Positionen werden durch akzeptable Wünsche und Bedürfnisse ersetzt und dies macht es leichter, die Sicht des anderen gelten zu lassen und sich in ihn hinein zu versetzen. Es wird ein „Prozess des Verstehens" in Gang gesetzt. Der Mediator bzw. Konfliktmanager ermöglicht das durch Fragen wie: „Was ist Ihr Anliegen?", „Was ist daran für Sie wichtig?" oder „Was wollen Sie erreichen?" etc.

Hier zeigt sich ein wesentlicher Unterschied zur rechtsförmigen Konfliktbearbeitung: Nicht Recht und Unrecht, nicht Richtig oder Falsch stehen im Vordergrund der Betrachtung, sondern die Bedürfnisse und eigentlichen Interessen der Konfliktparteien. Dadurch verlieren Richtig und Falsch ihre Bedeutung und der Blick richtet sich auf die Zukunft und bleibt nicht in der Vergangenheit hängen.

4.3.5 Lösungssuche

Nachdem die Standpunkte und Bedürfnisse aller Parteien in ausreichender Tiefe dargelegt wurden, beginnt die Lösungssuche. Nun ist Phantasie gefragt! Im ersten Schritt kommt die kreative Methode des Brainstorming zum Einsatz. Alle Lösungen, die den Teilnehmern einfallen, werden auf einem Flipchart festgehalten. Alle Ideen, seien sie noch so ungewöhnlich, sind zugelassen. Es ist verboten, Vorschläge und Ideen zu kritisieren. Dafür ist später Zeit.

Kreative oder auch völlig ungewöhnliche Ideen inspirieren und machen Mut, in Gedanken Neuland zu betreten. Manchmal können Bestandteile unmöglicher Ideen durchaus brauchbar sein, um zu innovativen Lösungen zu gelangen.

Dieses Vorgehen hilft, von den bekannten Lösungmustern abzuweichen. Wenn der kreative Prozess abgeschlossen ist, geht man dazu über, die Ideen auszuwerten. Dafür werden die vorher erarbeiteten Bedürfnisse herangezogen nach dem Prinzip: Welche Lösungen bilden die Bedürfnisse am besten ab? Wenn erforderlich, werden darüber hinaus noch weitere Beurteilungskriterien gesucht. Oft kommt es auch zu einer Kombination von verschiedenen Lösungsansätzen – diesbezüglich sind dem Ideenreichtum keine Grenzen gesetzt. Die Mediatorin hat die Aufgabe, die Streitpartner durch eine kritische Detailprüfung zu brauchbaren Lösungsalternativen zu führen.

Wenn eine der erarbeiteten Lösungen nicht augenfällig heraussticht und sich als die beste Lösung anbietet, dann empfiehlt es sich, eine A-B-C-Analyse vorzunehmen, um die Lösungsfindung zu vereinfachen: Die Parteien erhalten Klebepunkte in den Farben Rot, Gelb, Grün. Pro Lösungsvariante wird ein Punkt vergeben nach folgendem Muster: Grün bedeutet: „für mich eine gute Lösung". Gelb bedeutet: „unter Umständen auch eine Möglichkeit". Rot bedeutet: „kommt für mich nicht in Frage". Die rot bewerteten Lösungen werden ausgeschieden. Die grünen Lösungen werden in der Reihenfolge der höchsten Punkteanzahl näher untersucht und gegebenenfalls durch die gelben Lösungen erweitert.

Die verbleibenden Varianten werden auf ihre Tauglichkeit und Durchführbarkeit überprüft. Die Beteiligten wägen ab und argumentieren, warum diese oder jene Lösung besser oder schlechter ist. Es kann sein, dass – je nach Thema – eine rechtliche oder fachliche Überprüfung durch einen Experten (Juristen, Steuerberater, technischen Gutachter, u.s.w.) von Vorteil ist.

4.3.6 Vereinbarung

Zunächst hält der Mediator die vereinbarte Lösung stichwortartig auf Flipchart fest. Die Übereinkunft wird nun einer Realitätsprüfung unterzogen: Dient die Regelung den eingangs vereinbarten Zielen? Sind die Interessen ausreichend berücksichtigt? Sind den Parteien die möglichen Nachteile bzw. Risiken bewusst? Daraus formulieren die Parteien mit Unterstützung des Konfliktmanagers die Abschlussvereinbarung. Beide Seiten können diese Lösung im Anschluss noch einmal überprüfen lassen, beispielsweise von einem Kollegen oder einer anderen relevanten Person. Danach wird die Vereinbarung von beiden Parteien unterschrieben und erlangt auf diese Weise Gültigkeit.

Im Allgemeinen ist es sinnvoll, vorerst eine Abmachung auf Zeit zu treffen, um so das Vereinbarte in der Praxis zu erproben. Diese Möglichkeit der vorläufigen Vereinbarung entlastet die Klienten von dem Druck, eine endgültige Entscheidung treffen zu müssen, lässt Alternativen offen und erhöht so die Bereitschaft, die neue Regelung in der Praxis zu erproben.

4.3.7 Post-Mediationsphase

Die erarbeiteten Lösungen sind nicht „in Stein gemeißelt". Zum einen verändern sich Umstände und Rahmenbedingungen laufend, zum anderen können bei der Umsetzung der Vereinbarung Schwierigkeiten auftreten, mit denen man vorher nicht gerechnet hat. Daher hat es sich bewährt, bei der letzten Zusammenkunft ein Follow-Up Treffen zu vereinbaren.

Dieses dient dazu, die Vereinbarung nachzujustieren, Erfolge zu festigen und für inzwischen aufgetretene Schwierigkeiten eine neue Lösung zu finden. Oft hat es in der Zwischenzeit organisatorische Veränderungen gegeben und so kann es sein, dass eine Anpassung der Ergebnisse an diese neuen Umstände erforderlich ist.

Sind bei der Umsetzung keine Probleme aufgetreten, kann ein erneutes Treffen dazu dienen, diese positive Stimmung zu verstärken: Jeder berichtet gerne von den Erfolgen und ein Wiedersehen in diesem Rahmen unterstreicht das Gefühl, gemeinsam etwas Besonderes erreicht zu haben.

4.4 Die Leistungsbeurteilung: wie es weiterging . . .

Nach den ersten Gesprächen war klar, dass hier nur mit Hilfe eines Mediationsverfahrens eine einvernehmliche Lösung gefunden werden kann bringen kann. Es fanden fünf Sitzungen im Ausmaß von jeweils zwei Stunden an einem neutralen Ort statt.

In der ersten Sitzung wurde folgende Zielsetzung formuliert: Wir wollen eine sachliche und konstruktive Arbeitsbasis finden. Die wichtigsten Themen der Mediation waren neben der Leistungsbeurteilung auch die Kommunikation in der Abteilung insgesamt und gegenseitige Wertschätzung.

Im Verlauf der Mediation stellte sich heraus, dass Frau Resch sich fallweise Sprachmuster bediente, die auf Herrn Herbst herablassend oder in manchen Situationen auch bedrohlich wirkten. Herbst erkannte, dass sein Bemühen um genaue Detailarbeit bei seiner Chefin Ärger auslöst, weil sie Wert auf schnelle Erledigung der Aufgaben legt.

Nach der Aufklärung dieser Umstände wandten wir uns dem Beurteilungsgespräch zu. Es wurden Abstimmungsgespräche in kürzeren Intervallen festgelegt, die Herbst die erforderliche Orientierung gaben. Schließlich einigten sich die Parteien darauf, der Personalabteilung eine inhaltliche Abänderung des Beurteilungsbogens vorzuschlagen.

Insgesamt konnte die Mediation dazu beitragen, dass sich die Arbeitsbeziehung zwischen Resch und Herbst wieder normalisierte und sich dadurch auch das Klima in der Abteilung insgesamt verbesserte. Zitat Resch: „Ich hätte nie gedacht, dass nach solch einer heftigen Konflikteskalation wieder eine derart positive Beziehung möglich ist".

Kapitel 5
Mediationstechniken

Das vorliegende Kapitel stellt dar, welche Mechanismen dazu führen, dass Konflikte eskalieren und welche Kommunikationsformen dazu beitragen. Demgegenüber erläutere ich, welche Techniken Sie anwenden können, um Konflikte zu entschärfen: Paraphrasieren, Aktives Zuhören, Ich-Botschaften, Meta-Dialog, Zielorientierung, Feedback, Perspektivenwechsel und Umformulieren. Ich beschreibe, was diese Techniken charakterisiert und wann sie angewendet werden können. Dabei unterscheide ich zwischen nontransformativen und transformativen Techniken. Zum Schluss gehe ich auf eine wichtige Voraussetzung für die richtige Anwendung der Techniken ein: die emotionale Intelligenz.

5.1 Konflikt im Vertriebsteam

Frau Tal ist Leiterin der lokalen Repräsentanz eines Unternehmens der Konsumgüterindurstrie. Herr Castillo ist Marketingleiter in der Zentrale in Wien. Frau Tal fühlt sich von der Zentrale bereits seit längerer Zeit in ihrer Bedeutung nicht gewürdigt und übervorteilt. Bei einem Vertriebsleitertreffen kommt es zu einem heftigen Konflikt zwischen den beiden. Als die neuen Prospekte vorgestellt werden, beschwert sich Tal heftig:

Frau Tal: „Ich als Niederlassungsleiterin von Bayern bestehe darauf, dass wir die Werbemittel mit unseren Logos bedrucken und einige inhaltliche Anpassungen vornehmen. Die Leute in unserem Einzugsgebiet kennen uns und vertrauen uns. Wir wissen, wie wir sie ansprechen müssen."

Herr Castillo: „Es tut mir Leid, aber wenn jede Vertriebsregion ihr eigenes Logo verwendet, weiß bald niemand mehr, mit welcher Firma er es zu tun hat, entgegnet Castillo."

Tal: „Ihr von der Zentrale nehmt uns immer mehr den Freiraum zur eigenständigen Marktbearbeitung. Wir kennen die Region und die Bedürfnisse der Leute hier.

S. Proksch, *Konfliktmanagement im Unternehmen*,
DOI 10.1007/978-3-642-12223-1_5, © Springer-Verlag Berlin Heidelberg 2010

Die Werbe-CDs, die Ihr uns geschickt habt, sind hier nicht an den Mann beziehungsweise an die Frau zu bringen. Durch diesen abgehobenen Text fühlen sich die Leute bei uns auf die Schaufel genommen."

Castillo: „Vielleicht liegt's daran, dass ihr die Werbebotschaft nicht rüberbringt. Ihr müsst euch schon ein bisschen mehr ins Zeug legen. Bei uns verdient ihr gutes Geld, da wird euch nichts geschenkt."

Tal: „Wenn ich Sie so reden höre kommt mir vor, Sie leben auf dem Mond. Haben Sie noch nie etwas von Eigenständigkeit der Regionen gehört? Lesen Sie mal das Unternehmensleitbild! Wir vom Vertrieb sind tagtäglich beim Kunden. Ihr in der Zentrale kennt die Kunden doch nur aus den Lehrbüchern! Wir müssen die Werbelinie umsetzen. Daher müssen wir sie auch mitgestalten!"

Castillo: „Ihr seid Verkäufer! Die Werbelinie müsst ihr schon uns überlassen! Wie stellt ihr euch das in der Praxis vor? Wenn wir für jede Region eine spezielle Mutation herstellen, dann bräuchten wir das dreifache Werbebudget! Das können wir nicht finanzieren!"

Tal: „Jetzt mal Klartext", ruft Fr. Tal aufgebracht: „Entweder Sie helfen uns die Dinge so zu tun, wie wir sie für richtig halten oder Sie suchen sich eine andere Verkaufsmannschaft! Für mich ist das Gespräch hiermit beendet!"

5.2 Aus Spannungen und Differenzen werden oft handfeste Konflikte

Der oben beschriebene Ausschnitt aus einem Streitgespräch zeigt, wie leicht eine spannungsgeladene Situation eskalieren kann. Leider ist dieses Beispiel kein Einzelfall. Viel zu häufig entstehen Konflikte in Situationen, in denen niemand damit gerechnet hätte. Die gleiche Situation hätte auch ganz anders ablaufen können.

Warum eskalieren Konflikte eigentlich? In Situationen, in denen wir uns bedroht fühlen, ist unsere erste Reaktion Flucht oder Kampf. Wenn der Fluchtweg abgeschnitten ist, oder die Flucht zu einem Gesichtsverlust führt, dann bleibt nur mehr der Kampf. Diese Reaktionen sind instinktgesteuert und daher rational kaum kontrollierbar.

Das oben genannte Beispiel läuft nach diesem Muster ab. Es beginnt mit einer Meinungsverschiedenheit. Durch die gegebenen Umstände (wenig Zeit, Zuhörer, etc.) entsteht für beide eine Situation, in der Gesichtsverlust droht, und es verschärft sich die Auseinandersetzung zu einem handfesten Konflikt.

Hat die Eskalation erst einmal begonnen, ist es schwierig, die Spirale zu durchbrechen, denn eine Reihe von Phänomenen tragen dazu bei, dass sich die Konfliktspirale immer weiter dreht:

- „Ich habe Recht"
  Wer in einen Konflikt verwickelt ist, fühlt sich zumeist im Recht. „Ist doch klar, dass ich Recht habe, sonst hätte ich es gar nicht so weit kommen lassen." Weil wir das Gefühl haben, im Recht zu sein, wollen wir auch nicht nachgeben. Die Tatsache, dass der Gegner ebenfalls – aus seiner Sicht – im Recht

ist oder zumindest verständliche Gründe für seine Position anführen kann, wird angesichts des bedrohlichen Konfliktes verdrängt.

- „Meine Motive sind edel und gut"
  Da wir selbst vermeintlich nur aus anständigen Motiven heraus handeln, liegt es nahe, dem Gegner niedrige und verwerfliche Motive zu unterstellen. Die Andersartigkeit des Gegners, das „unverständliche Verhalten" wird tendenziell negativ interpretiert. Deshalb ist es „für einen guten Zweck", den Konflikt fortzuführen. Dieser Aspekt wird auch „fehlerhafte Motivattribution" genannt.

- „Ich zahle es mit gleicher Münze zurück"
  Das erlittene Unrecht wollen wir dem Anderen „zurückzahlen". Der Gegner soll ebenso leiden wie wir selbst. Dabei wird übersehen, dass wir das „Leid" des Gegners in der Regel weder sehen noch fühlen und schon gar nicht nachvollziehen können. Die Aktion, die wir selbst als angemessen erleben empfindet die andere Partei daher als völlig überzogen und als weitere Aggression. So setzt sich das fatale Muster von Aktion und Reaktion fort.

- „Gestrandete Investitionen"
  Je mehr Zeit und Engagement in den Konflikt investiert wurden, desto schwerer ist es für uns einzugestehen, dass wir auf dem Holzweg sind. Je größer der Berg an eingesetzten Ressourcen, desto mehr verstellt er die Sicht auf vernünftige Lösungen. Dazu kommt, dass jede weitere Investition in den Konflikt angesichts des bereits Geleisteten gering erscheint und die Angst, das Gesicht zu verlieren größer wird. Und vielleicht – so meinen wir – kommt es ja doch noch zum Sieg über den Widersacher. Das ist oft der Zeitpunkt, an dem „Durchhalteparolen" ausgegeben werden.

5.3 Welche Kommunikationsformen lassen Konflikte eskalieren?

Konflikte anzuheizen ist nicht schwierig. Viele von uns sind mit solchen „Techniken" vertraut und setzen sie bewusst ein. Schließlich geht es oft genug darum, sich durchzusetzen, andere Personen zu beeindrucken, den Gegner aus der Reserve zu locken oder dem vermeintlichen Recht zur Geltung zu verhelfen.

Einige dieser Kommunikationsformen sind: Nicht zuhören (und gleichzeitig die eigene Entgegnung überlegen), Unterbrechen, Argumente bringen, die mit dem zuvor Gesagten nichts zu tun haben, Vorwürfe oder Beschimpfungen, Ebenen wechseln (z.B. auf ein Sachargument emotional reagieren oder umgekehrt), Entscheidungsfragen stellen, Witze oder Scherze über den Anderen machen, Argumente der anderen Partei bewusst falsch verstehen und verdrehen, die (negative) Vergangenheit hereinholen, Killerphrasen verwenden, und vieles mehr.

Allerdings haben diese Kommunikationsmuster einen Preis: die Beziehung zum Gesprächspartner wird beschädigt oder sogar zerstört. Wenn man dem alten Sprichwort „Wie man in den Wald hineinruft, so hallt es zurück" Glauben schenkt, dann schadet man sich auf diese Weise langfristig selbst.

Bewusst eingesetzte negative Gesprächstechniken sind allerdings nur für einen Bruchteil der Konflikte verantwortlich. Die meisten Probleme werden durch unbewusste oder unreflektierte Verwendung von allgemein üblichen Kommunikationsmustern verursacht:[45]

- Bewerten
  Wenn wir uns ein Urteil über jemanden erlauben, sei es positiv oder negativ, dann stellen wir uns über diese Person. Aussagen wie „Du bist ein guter Mitarbeiter" oder „Du passt nicht so richtig ins Team" nützen wenig, da es sich um allgemeine Aussagen handelt, die der Empfänger als Werturteil von oben herab empfinden kann. Vermeiden Sie derartige globale Beurteilungen.
- Trösten
  Jemanden zu beruhigen, zu bemitleiden oder zu trösten ist eine andere Form der Überheblichkeit. „Morgen sieht alles schon ganz anders aus!" oder „Sei nicht traurig, andere haben viel größere Probleme" sind Aussagen, welche das Leid des anderen negieren oder klein machen. Wir vermitteln den Eindruck, dass wir über die Lage des Anderen besser Bescheid wissen als er selbst. Wahre Anteilnahme wird durch aufrichtiges Verständnis ausgedrückt.
- Psychologisieren
  Mit Aussagen wie „Du hast Verfolgungswahn" oder „Das hast Du von Deiner Mutter" oder „Dein Problem ist, dass..." versehen wir den anderen mit einem Etikett. Wir stecken ihn in eine Schublade und unterstellen, dass ihm nicht voll bewusst ist, was er tut. Gleichzeitig machen wir uns selbst zum Fachmann, der ein Urteil abgeben kann und übersehen dabei, dass wir uns viel zu oft irren.
- Spott
  Spott in Form von Sarkasmus oder gar Zynismus sind aggressive Formen der Herabsetzung des Anderen. Humor kann zwar dazu beitragen, schwierige Situationen zu entspannen, aber er beinhaltet das Risiko, dass er seine Wirkung verfehlt und den anderen verletzt. Beißender Sarkasmus oder verletzender Zynismus sind scharfe Waffen, gegen die der andere oft wenig ausrichten kann, nicht zuletzt weil sie eine ernsthafte Auseinandersetzung verhindern.
- Unpassende Fragen stellen
  Niemand wird gerne verhört oder geprüft. Mit gezielten Fragen kann man andere leicht in die Enge treiben oder verunsichern. Insbesondere Entscheidungsfragen oder Suggestivfragen haben eine destruktive Wirkung auf den Gesprächsverlauf. Die richtige Fragetechnik kann allerdings auch Konflikte entschärfen.
- Befehlen
  Durch einen Befehl veranlassen wir den anderen, etwas nach unserem Willen auszuführen. Wir nehmen ihm dadurch die Freiheit sich anders zu entscheiden. Eine subtile Form des Befehlens ist das „Einspannen". Dadurch drängen wir den anderen in eine bestimmte Richtung und geben ihm keine Gelegenheit sich zu äußern.

---

[45]Lenz (2007).

- Bedrohen
  Eine Drohung ist ebenfalls ein Versuch, den anderen dazu zu veranlassen eine bestimmte Sache zu tun oder zu unterlassen und nimmt ihm seine Entscheidungsfreiheit. Eine Drohung hat zudem den Effekt der „Selbstfestlegung" nach dem Prinzip „Wenn – Dann". Der Drohende muss bereit sein, die angedrohte Sanktion auch tatsächlich auszuführen, sonst wird er selbst unglaubwürdig.
- Ratschläge erteilen
  Durch ungebetene Ratschläge machen wir uns zum Spezialisten für die Schwierigkeiten anderer. Oft glauben wir die Lösung zu kennen, auch wenn wir das Problem nicht ausreichend verstanden haben. Auch Ratschläge sind, wie das Wort schon sagt, Schläge, weil sie den Empfänger herabsetzen.
- Vage sein
  Mit vagen Aussagen oder Andeutungen werden Probleme verschleiert statt klarer. Sätze wie „es versteht sich doch von selbst, dass..." oder „im Allgemeinen ist es so, dass..." tragen zur Verwirrung und zu Missverständnissen bei und ermöglichen es uns, unverbindlich zu bleiben. Der Gesprächspartner muss rätseln, was wir ausdrücken wollen.
- Informationen zurückhalten
  Manche Menschen sind der Meinung es sei am sichersten, nur so viele Informationen weiterzugeben, wie unbedingt notwendig. Informationen, die den Betroffenen fehlen, ergänzen sich diese allerdings selbst. Auf diese Weise entstehen Gerüchte und Vermutungen, die wiederum zu Missverständnissen, Spannungen und Konflikten führen.

5.4 Welche Gesprächstechniken entschärfen Konflikte?

Es ist nicht besonders schwierig, Konflikte anzuheizen. Anspruchsvoller ist es, Konflikte zu entschärfen und in konstruktive Bahnen zu lenken. Dazu gibt es eine Vielzahl an Gesprächstechniken aus dem Repertoire der Mediation und verwandter Methoden.

Zwei Kategorien lassen sich unterscheiden: non-transformative Gesprächstechniken und transformative Techniken. Die non-transformativen Techniken berühren den Konflikt selbst nicht. Sie verhindern die weitere Eskalation und ermöglichen eine konstruktive Weiterführung der Auseinandersetzung.

Die transformativen Techniken greifen in den Konflikt selbst ein bzw. sie verändern die Sichtweise des Konfliktes oder die Einstellung zum Konflikt und können auf diese Weise den Konflikt deeskalieren. Sie erfordern hohes Einfühlungsvermögen, Fingerspitzengefühl und Erfahrung im Umgang mit schwierigen Gesprächssituationen denn sie bergen bei falscher Dosierung oder unpassender Anwendung das Risiko, den bestehenden Konflikt zu verschärfen oder zum bestehenden Problem ein neues hinzuzufügen.

Die Unterscheidung in diese zwei Kategorien ist deshalb von Bedeutung, weil Sie die non-transformativen Techniken jederzeit ohne Risiko anwenden können. Sie sollten also zu Beginn nur zu diesen Techniken greifen. Erst mit viel Erfahrung und

auch erst dann, wenn Sie von beiden Konfliktparteien den ausdrücklichen Auftrag haben, mit ihnen an einer gemeinsamen Lösung zu arbeiten können Sie beginnen, die transformativen Techniken anzuwenden.
Die wichtigsten non-transformativen Techniken sind:

- Aktives Zuhören
- Paraphrasieren
- Ich-Botschaften
- Meta-Dialog
- Zielorientierung

Einige Beispiele für transformative Techniken:

- Perspektivenwechsel
- Feedback
- (konstruktiv) Umformulieren

5.4.1 Aktives Zuhören

Konfliktsituationen sind oft dadurch charakterisiert, dass die Parteien einander Vorwürfe oder „Fakten" entgegenschleudern oder dass die Kommuniation völlig abgebrochen wird. Die Spirale der Konfliktverschärfung dreht sich weiter. Der erste Schritt um die Eskalation zu stoppen ist das Zuhören. Dies ist eine schwierige, aber wenn Sie sie beherrschen, eine sehr wirkungsvolle Kunst. Das aktive Zuhören zeigt Ihrem Gesprächspartner, dass Sie sich in seine Situation hineinversetzen und seine Position nachvollziehen. Dies erzeugt eine positive Gesprächsatmosphäre und schafft Vertrauen.

Aktives Zuhören bedeutet, die Information, die der Gesprächspartner vermitteln will in ihrer Gesamtheit aufzunehmen und wieder zurückzusenden. Das heißt, dass Sie nicht nur die sprachliche, sondern auch die nicht-sprachliche Botschaft zu empfangen und zu verstehen versuchen, wie zum Beispiel Stimmungen oder den sogenannten „Sub-Text", die eigentliche Botschaft unter der Oberfläche. Aktives Zuhören heißt, die „Einladung zur Gedankenreise" anzunehmen.

Beim aktiven Zuhören wenden Sie sich dem Gesprächspartner mit ihrer vollen Aufmerksamkeit zu, halten Blickkontakt und signalisieren Empfangsbereitschaft. Von Zeit zu Zeit geben Sie Bestätigung (ja, ok,. . .), oder stellen eine Verständnisfrage.

Aktives Zuhören ist unter anderem deshalb so schwierig, weil wir oft mit unseren eigenen Gedanken oder Argumenten mehr beschäftigt sind als mit den Worten des Gegenübers. Wir überlegen uns Entgegnungen oder denken an Situationen, in denen es uns ähnlich ergangen ist. Dadurch verlieren wir den Kontakt zum Gegenüber. Daher müssen wir uns immer wieder daran erinnern, uns auf die Äußerungen des Gesprächspartners zu konzentrieren.

5.4.2 Paraphrasieren

Beim Paraphrasieren wiederholen Sie das Gehörte mit Ihren eigenen Worten. Dazu bedienen Sie sich einer neutralen Sprache und verzichten auf eigene Werturteile. Bei Angriffen oder Beleidigungen versuchen Sie die dahinterliegenden Bedürfnisse herauszuhören und wiederzugeben. Sie versuchen, das tatsächliche Anliegen, so wie Sie es verstanden haben, zu artikulieren.

Durch das Paraphrasieren helfen Sie der Sprecherin, sich selbst und ihre eigenen Bedürfnisse und Zielvorstellungen besser zu verstehen. Die Sprecherin fühlt sich verstanden und ernst genommen, was bei ihr eine Entlastung bewirkt. Gleichzeitig wird ihrem Kontrahenten bewusst, welche Anliegen sie beschäftigen. Aus neutralen Munde fällt es wesentlich leichter, die Argumente anzunehmen.

Es ist nicht so wichtig, das Gesagte zu 100% sinngemäß richtig wiederzugeben. Sollten Sie etwas überhört haben, dann wird es die Sprecherin nachliefern. Wichtig ist allerdings, dass Sie nicht bloß die reine Sachbotschaft wiedergeben, sondern dass Sie auch den „Subtext" erfassen und artikulieren, also das, was die Sprecherin eigentlich meint und damit ausdrücken will. Auch die jeweilige Befindlichkeit (Ärger, Ratlosigkeit, Irritation, Neugierde,.....) darf und soll benannt werden.

5.4.3 Ich-Botschaften

Viele Menschen sind gewohnt, „Du-Botschaften" zu senden. Dabei handelt es sich um Aussagen wie „Du bist schuld" oder „Sie sind wieder nicht rechtzeitig hier" oder „Ihr E-Mail hat uns in diese Situation gebracht". Du-Botschaften sind direkte Angriffe auf das Selbstwertgefühl einer Person. Sie zwingen die andere Partei, sich zu verteidigen und sind damit Nahrung für die Konflikteskalation.

Versuchen Sie daher, Du-Botschaften durch Ich-Botschaften zu ersetzen. Ich-Botschaften sind nicht das Gegenteil von Du-Botschaften, sondern so etwas wie eine parallele Formulierung. Sie beschreiben denselben Sachverhalt. Anstatt sich über den Anderen zu äußern, beschreiben Sie Ihre eigene Wahrnehmung. Was der Gesprächspartner damit macht, bleibt ihm überlassen. Dadurch greifen Sie nicht in seine Autonomie ein.

Ein Beispiel: Statt „Dein E-Mail hat uns in diese Situation gebracht" kann ich formulieren: „Das E-Mail hat mich irritiert, weil ich glaube, dass der Inhalt für die Zielgruppe missverständlich war".

5.4.4 Meta-Dialog

Wenn Sie den Meta-Dialog in die Kommunikation einführen, dann heben Sie das Gespräch auf eine abstrakte, allgemeine Ebene. Sie lösen sich gleichermaßen von dem aktuellen Gesprächsgegenstand und verlagern sich auf die Erörterung eines allgemeinen Themas. Allerdings nicht auf irgendein Thema, sondern auf die Abstraktion des gegenständlichen Konfliktes.

Wenn beispielsweise eine Auseinandersetzung darüber entstanden ist, wer wann auf Urlaub geht und wer wann arbeitet, dann verlagern Sie das Gespräch darauf, die Parteien eine allgemeingültige Urlaubsregelung finden zu lassen. Oder wenn bei einer Übersiedlung ein Streit aufkeimt, wer welche Büroräumlichkeiten beziehen darf, dann kann es hilfreich sein, zunächst über eine allgemeine Zimmeraufteilung in einem fiktiven Büro zu sprechen.

Dadurch, dass Sie sich vom konkreten Thema lösen, ist es leichter möglich, sachlich und nüchtern Meinungen auszutauschen und, vielleicht unter Zuhilfenahme objektiver Kriterien, zu einem vorläufigen Ergebnis zu kommen. Im zweiten Schritt kehren Sie dann zum ursprünglichen Thema zurück. Die abstrakte Regelung wird zum Hilfsmittel für das vorliegende Problem.

5.4.5 Zielorientierung

Häufig werden Gespräche einfach aus Freude am Dialog, oder weil wir das Gegenüber besser kennenlernen möchten, aus dem Bedürfnis nach Zusammengehörigkeit oder aus irgendeinem anderen Grund geführt. Solche Gespräche entwickeln sich spontan. Findet hingegen ein schwieriges Gespräch statt, dann sollte dieses zielorientiert verlaufen. Die Zielorientierung verhindert, dass Sie sich verzetteln und gibt dem Gespräch gleichzeitig eine Richtung und einen Grund. Es verhindert auch, dass Sie sich mit dem beschäftigen, was die Parteien trennt. Stattdessen fördert das gemeinsame Ziel die Kooperationsbereitschaft.

Gelingt es nicht, ein gemeinsames Ziel für das Gespräch zu finden, dann ist es oft besser, das Gespräch überhaupt abzubrechen, denn man läuft Gefahr, sich in ein Hin und Her von Vorwürfen und Gegenvorwürfen zu verstricken.

Ein Ziel zu finden gelingt oft mit der banalen Frage: „Was ist Ihr Anliegen?". Wenn das eigene Anliegen mit dem des Gegenübers kompatibel ist, dann hat man bereits die Grundlage für ein gemeinsames Ziel geschaffen. Eine andere Variante ist, einfach das eigene Anliegen als Ziel vorzugeben und dann zu prüfen, inwieweit das auch für die Gesprächspartnerin passt. Zum Beispiel: „Heute möchte ich mit Ihnen den Punkt X klären und Ihre Sicht dazu besser verstehen".

5.4.6 Perspektivenwechsel

Es kann sehr nützlich sein, den Gesprächspartner einzuladen, die Perspektive zu wechseln, das Problem einmal durch eine andere Brille zu betrachten. Manchmal sind Konfliktparteien noch nie auf die Idee gekommen, sich in die Position des Gegenübers zu versetzen. Das ist allerdings oft ein schwieriges Unterfangen, weil der andere zunehmend „fremd" geworden ist. Gelingt es aber, kann das zu überraschenden Einsichten führen.

Einen Perspektivenwechsel können sie etwa mit folgenden Worten einleiten: „Ich möchte Sie nun einladen: Versetzen Sie sich mal in die Lage Ihres Gegenübers: Wie würde es Ihnen in dieser Situation ergehen?"

Aber auch eine etwas einfachere Variante des Perspektivenwechsel ist denkbar, zum Beispiel mit den Worten: „Also wenn ich mir überlege, was würde ich in dieser Situation machen...? Ich weiß nicht.... Wie sehen Sie das?" Mit dieser Überlegung ist der Vermittler gleichsam dazwischengeschaltet. Dadurch fällt es der anderen Partei leichter, das Gedankenexperiment mitzumachen.

5.4.7 Feedback

Feedback ist eine Mitteilung an eine Person, die diese Person darüber informiert, wie ihre Verhaltensweisen wahrgenommen, verstanden und erlebt werden. Feedback stützt und fördert hilfreiche und konstruktive Verhaltensweisen, macht aber auch negativ erlebte Verhaltensweisen bewusst und hilft dadurch, diese zu korrigieren. Feedback ist deshalb im Arbeitskontext wichtig, weil es hilft, Beziehungen zu klären und dadurch die Zusammenarbeit erleichtert.

Feedback sollten Sie allerdings besonders als Führungskraft sehr behutsam einsetzen, weil dadurch leicht das Gefühl beim Gegenüber entsteht, abgewertet oder zurückgesetzt zu werden. In Konfliktsituationen gilt dies umso mehr. Daher sollte kritisches Feedback nur unter vier Augen gegeben werden. In der Gruppe geäußertes kritisches Feedback kommt einer Bloßstellung des Angesprochenen gleich. Für positives Feedback gilt das Gegenteil: Es sollte reichlich und auch in der Gruppe gespendet werden.

Wenn Sie Feedback geben, vergessen Sie nicht folgende Grundregeln zu beachten:

- Beschreibend: Versuchen Sie Bewertungen und Interpretationen zu unterlassen.
- Konkret: Beziehen Sie sich auf konkrete Vorkommnisse und bleiben Sie nicht im Allgemeinen.
- Nützlich: Es sollte sich auf Dinge beziehen, die die Angesprochene auch tatsächlich beeinflussen kann.
- Zeitnah: Die Wirksamkeit ist höher, wenn nicht zu viel Zeit verstrichen ist. Dadurch ist auch die Erinnerung noch frisch.
- Erbeten: Vergewissern Sie sich, dass der Angesprochene in der Lage und bereit dazu ist, Feedback entgegenzunehmen.

5.4.8 (Konstruktiv) Umformulieren

Ärger, Agression und Feindseligkeit sind elementare Aspekte von Konflikten. Diese Emotionen entladen sich mitunter in destruktiver Sprache, Beschimpfungen und Untergriffen.

Die Mediatorin oder Vermittlerin „übersetzt" die destruktive in eine konstruktive Aussage. Wir bezeichnen das als Umformulieren. Dabei wird der negative Aspekt der Äußerung weggelassen und das dahinter stehende Anliegen oder Bedürfnis ausgesprochen. Auf diese Weise kann es gelingen, die Auseinandersetzung zu entschärfen und in konstruktive Bahnen zurückzuführen. Die Kunst des Umformulierens besteht darin, die Bedürfnisse und Interessen herauszuhören beziehungsweise herauszuspüren und dann zu artikulieren.

Einige Beispiele für Umformulierungen:

„Dieses Argument ist Unsinn." => „Ich/Er kann Ihrem Argument noch nicht folgen. Können Sie es bitte nocheinmal wiederholen?"

„Sie sind ein verbohrter Dickkopf." => „Ihre Beharrlichkeit macht mir/ihr/ihm sehr zu schaffen."

„Das ist mir doch egal." => „Das bleibt Ihnen überlassen."

Vorsicht bei Umformulierungen: wenn es in einer unangemessenen Form, zum falschen Zeitpunkt oder ohne Auftrag geschieht kann es wirkungslos sein oder bei den Konfliktparteien Irritationen auslösen. Unter Umständen kann man Ihnen vorwerfen, Sie würden für die eine oder andere Person Partei ergreifen. Voraussetzung für das Umformulieren ist daher ein hohes Maß an Sprachfertigkeit und Fingerspitzengefühl.

5.5 Emotionale Intelligenz

Zentrales Element jedes sozialen Konfliktes sind die - zumeist negativen – Emotionen. Konfliktbearbeitung bedeutet daher unter anderem Beachtung, Würdigung und Handhabung der bestehenden Emotionen. Eine erfolgreiche Konfliktmanagerin benötigt das, was wir „emotionale Intelligenz" nennen.

Das Konzept der emotionalen Intelligenz[46] besteht aus fünf Aspekten: Selbstwahrnehmung, Selbstregulierung, Empathie, Soziale Fähigkeiten und Motivation. (siehe Abb. 5.1)

* Selbstwahrnehmung
  Damit ist die Fähigkeit gemeint, sich über die eigenen Gefühle und Stimmungen und über das, was uns antreibt, bewusst zu werden sowie eine realistische Einschätzung der eignen Fähigkeiten und ein wohlbegründetes Selbstvertrauen zu besitzen.
* Selbstregulierung
  Die Kompetenz, auf eine Weise mit Emotionen umgehen zu können, welche die Aufgabenerfüllung erleichtert. Dazu gehört auch die Fähigkeit, Gratifikationen aufschieben zu können, um ein Ziel zu verfolgen sowie sich von emotionalen Belastungen gut zu erholen.
* Motivation
  Das Bestreben, Ziele zu erreichen, sich zu verbessern sowie angesichts von Rückschlägen und Frustrationen nicht aufzugeben.

---

[46]Goleman (1996).

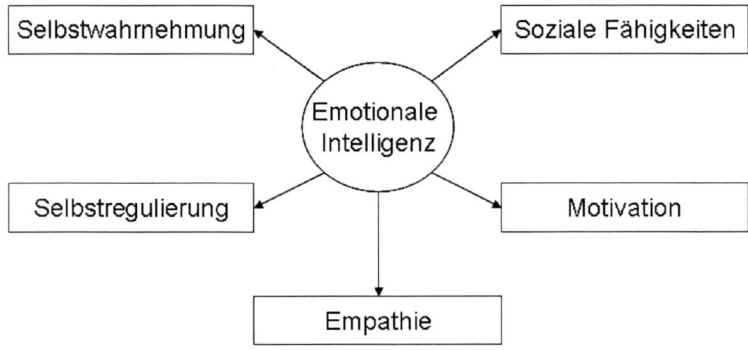

Abb. 5.1 Die 5 Aspekte der emotionalen Intelligenz

- Empathie
  Darunter verstehen wir ein Gespür dafür zu entwickeln, was andere empfinden
  und die Fähigkeit, sich in ihre Lage zu versetzen sowie persönlichen Kontakt und
  enge Abstimmung mit vielen unterschiedlich geprägten Menschen zu pflegen.
- Soziale Fähigkeiten
  Die Kompetenz, soziale Situationen und Beziehungsgeflechte genau zu erfassen, in Beziehungen reflektiert mit Emotionen umzugehen, um reibungslos mit
  anderen zu interagieren. Dazu gehören ausgefeilte Kommunikationsfähigkeiten
  ebenso wie die Fähigkeiten zu überzeugen und zu führen, zu verhandeln und
  Streitigkeiten zu schlichten.

5.6 Konflikt im Vertriebsteam: wie es weiterging ...

Der Konflikt eskalierte in erster Linie deshalb, weil beide Parteien einander „Sachar-
gumente" entgegenhielten, gewürzt mit einer guten Portion Emotionalität. Keine der
Parteien versuchte, die Eskalation zu verhindern. Der folgende Dialog soll zeigen,
wie man einige der oben genannten Techniken einsetzen kann, um den Konflikt zu
kontrollieren und in konstruktive Bahnen zu lenken.

Frau Tal: „Ich als Niederlassungsleiterin von Bayern bestehe darauf, dass wir
die Werbemittel mit unseren Logos bedrucken und einige inhaltliche Anpassungen
vornehmen. Die Leute in unserem Einzugsgebiet kennen uns und vertrauen uns. Wir
wissen, wie wir sie ansprechen müssen!"

Herr Castillo: „Aha, ihr wollt also die Werbemittel inhaltlich verändern. Naja, aber da haben wir dann das Problem, dass unser Logo nicht durchgängig
präsent ist."

Tal: „Ihr von der Zentrale nehmt uns immer mehr den Freiraum zur eigenständigen Marktbearbeitung. Wir kennen die Region und die Bedürfnisse der Leute hier.
Die Werbe- CD`s, die ihr uns geschickt habt, sind hier nicht an den Mann und an

die Frau zu bringen. Durch den hochgestochenen Text fühlen sich die Leute hier bei uns auf die Schaufel genommen."

Castillo: „Ihr habt also den Eindruck, dass euer Wissen über die Region und die Leute nicht in der Werbelinie berücksichtigt werden, und seid der Auffassung, dass dies der Grund ist, warum sie hier nicht gut angenommen wird, verstehe ich das richtig? Ich möchte gerne hinzufügen, dass uns schon bewusst ist, wie wichtig euer Wissen und eure Ideen für uns in der Zentrale sind."

Tal: „So ist es! Ich habe das Gefühl, dass endlich einmal einer versteht was ich sagen will!"

Castillo: „Gut so. Nun müssen wir schauen, wie wir zu einer Lösung kommen. Ich sehe hier zwei Themen, die wir besprechen sollten: Erstens eure Mitgestaltung bei der Werbelinie und zweitens die Würdigung eurer Leistung für das Unternehmen. Liege ich damit richtig?"

Tal: „Ich sehe das genau so. Lass uns einen Termin vereinbaren, wo wir diese beiden Themen im Detail erörtern können."

Abb. 5.2 König Heinrich VIII

Kapitel 6
Fragetechniken

Im folgenden Kapitel stelle ich die Grundlagen der Technik des Fragens vor, die sich auf normale wie auf schwierige Gesprächssituationen anwenden lassen. Ich erläutere die drei Stufen der mediativen Fragetechnik: Die Haltung, die Frageform, und die Fragesystematik. Ich bespreche anhand von kurzen Beispielen die wichtigsten Frageformen und gehe darauf ein, welche Arten von Fragen der mediativen Gesprächsführung förderlich und welche hinderlich sind.

6.1 Wann darf man rauchen?

Herr Schuster betritt das Büro und sagt zu Frau Klar: „Guten Morgen. Wie geht's?"
Frau Klar: „Danke, es geht."
Herr Fröhlich betritt den Raum. Zu Frau Klar gewandt sagt er: „Hallo Sandra, wie geht es Dir heute? Alles ok? Du siehst etwas bedrückt aus!"
Klar: „Naja, nicht so toll. Ich habe ziemliche Kopfschmerzen."

Schuster hat das mitgehört. Er denkt bei sich: „Seltsam, zu mir ist sie nicht so offen." Als er später bei einer Kaffeepause mit Frau Klar plaudert, fällt ihm diese kurze Gesprächssequenz ein. Er gibt sich einen Stoß und fragt sie, warum Ihre Antwort so unterschiedlich ausgefallen sei. Darauf hin erzählt sie ihm folgende Geschichte:
   Zwei Mönche, ein Dominikaner und ein Jesuit, begegnen einander am Rande einer Pilgerfahrt. Als der Jesuit sich eine Zigarette anzündet und dem Dominikaner eine davon anbietet, nimmt dieser das Angebot freudig an. Im Gespräch über Theologie und Philosophie fällt ihnen ein nebensächlicher und doch interessanter Umstand auf: Sie sind uneins sind bezüglich der Frage, ob man beim Beten rauchen darf. Nach einer längeren und ergebnislosen Diskussion beschließen sie, ihren jeweiligen Ordensvorstand zu befragen.
   Der Dominikaner sucht nach der Heimkehr seinen Abt auf und fragt ihn: „Lieber Bruder, es ist eine Frage aufgetaucht, zu der ich deinen Rat erbitte: Darf man eigentlich beim Beten rauchen?" Der Klostervorsteher blickt ihn entsetzt an und

S. Proksch, *Konfliktmanagement im Unternehmen*,
DOI 10.1007/978-3-642-12223-1_6, © Springer-Verlag Berlin Heidelberg 2010

entgegnet: „Willst Du etwa den heiligen Akt des Betens durch das profane Laster des Rauchens entweihen?" Beschämt zieht sich der Mönch zurück.

Einige Monate später trifft er zufällig seinen Kollegen vom Orden der Jesuiten wieder. Dieser winkt ihm fröhlich zu, in der Hand eine Zigarette. Erstaunt fragt er ihn, wie es denn möglich sei, dass er so freizügig rauche. Daraufhin antwortet dieser: „Ich habe meinen Abt gefragt, ob es denn erlaubt sei auch beim Rauchen zu beten. Er hat mir daraufhin geantwortet: Selbstverständlich mein Bruder, der heilige Akt des Betens ist unserem Herrn in jeder Lebenslage willkommen!"

6.2 Die Antwort hängt von der Fragestellung ab

Sie kennen sicherlich Menschen, die am liebsten von sich selbst oder von ihrer Arbeit erzählen. Das kann zwar unterhaltsam sein, doch irgendwann werden sie gelangweilt, irritiert oder verärgert sein. Wer keine Fragen stellt, redet über kurz oder lang unweigerlich am anderen vorbei. Fragen öffnen uns die Tür zum anderen.

Eine konstruktive Fragetechnik schafft eine positive Atmosphäre und hilft Ihnen, relevante Informationen zu erhalten. Durch Fragen lenken Sie das Gespräch, erkennen Sie Problemstellungen, räumen Sie Missverständnisse aus und finden Sie den Weg zu passenden Lösungen.[47] Fragen können aber auch das Gegenüber unter Druck setzen oder in die Enge treiben. Es hängt bloß davon ab, wie Sie fragen.

- Mit Fragen lenken Sie das Gespräch.

  Da jede Frage nach einer Antwort verlangt ist der Befragte gezwungen, sich mit dem Inhalt der Frage auseinander zu setzen. Dadurch können Sie auf bestimmte Aspekte fokussieren und auf diese Weise das Gespräch steuern.

- Mit Fragen definieren Sie das Problem.

  Durch gezieltes Fragen gelingt es, das Problem zu analysieren, besser zu verstehen und so – im günstigsten Fall – zu einer übereinstimmenden Problemdefinition zu gelangen.

- Durch Fragen räumen Sie Missverständnisse aus.

  Durch Fragen können wir verhindern, dass wir an unserem Gesprächspartner vorbeireden. Missverständnisse können durch besseres Verständnis des Gesprächspartners ausgeräumt werden. Schließlich erhalten Sie durch Fragen die Informationen, die Sie benötigen, um einen Lösungsweg zu finden.

Es gibt unterschiedliche Formen der Gesprächsführung durch Fragen: das Interview, das Verhör, den Dialog, die wertschätzende Befragung. Jede Form bewirkt ein anderes Gesprächsklima und hat somit eine andere Wirkung auf den Gesprächspartner.

---

[47] Schlippe und Schweitzer (2002) und Scherer (2007).

Wenn wir diese Frageformen nach der Wirkung auf den Befragten ordnen, dann finden wir am einen Ende der Skala das Verhör. Hier versucht die Fragende durch gezielte Fragen den Befragten in die Enge zu treiben und in Widersprüche zu verwickeln, um schließlich das herauszufinden, was sie hören möchte. Der Befragte wird sich verschließen und versuchen, nichts preiszugeben.

Am anderen Ende der Skala finden wir die „offene Gesprächsführung". Hier geht es darum, durch angemessenes Fragen dem Befragten zu ermöglichen, sich zu öffnen und seine Sichtweise eines Themas zu erklären. Der Fragenden geht es nicht darum, die Wahrheit herauszufinden, sondern den Befragten zu verstehen, denn das Verstehen ebnet den Weg zur Lösung. Eine offene, wertschätzende Gesprächsführung bewährt sich bei schwierigen Situationen und Konflikten. Die Menschen sollen Vertrauen fassen, und ihre Perspektive darlegen.

Die offene Gesprächsführung verfolgt allerdings nicht nur den Zweck, dass die Fragende informiert wird, sondern auch der Befragte soll durch die Art der Fragen neue Informationen gewinnen, indem ihm beispielsweise neue Zusammenhänge bewusst werden oder er durch einen Perspektivenwechsel bestimmte Dinge in einem anderen Licht sieht.

6.3 Die drei Stufen der mediativen Fragetechnik

Eine „mediative Fragetechnik" entsteht, wenn man die Fragen, die einem in einer Situation spontan einfallen nach einem bestimmten Muster filtert, denn nicht alle Fragen sind in der mediativen Form der Gesprächsführung sinnvoll und hilfreich. Als Hilfsmittel eignet sich die „Drei – Filter – Methode" (siehe Abb. 6.1). Der erste Filter heisst „mediative Haltung", der zweite heisst „Frageform", der dritte heisst „Fragesystematik".

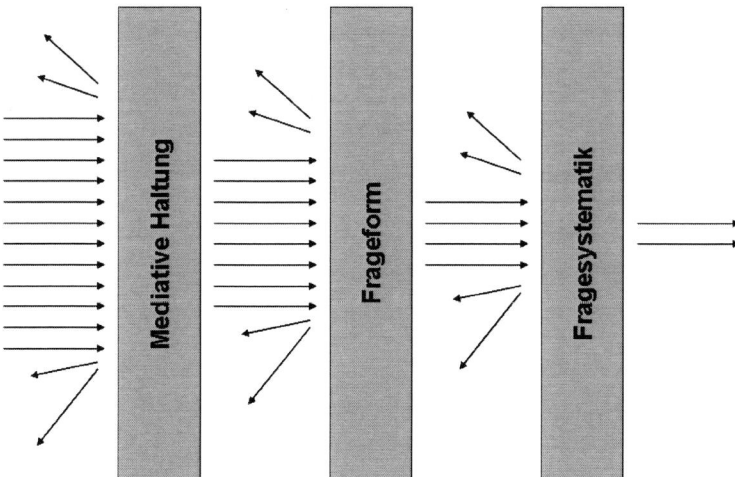

Abb. 6.1 die drei Stufen der mediativen Fragetechnik

6.3.1 Mediative Haltung

Welche Philosophie vertreten Sie als Konfliktmanager? Vielleicht haben Sie auf diese Frage keine spontane Antwort. Das philosophische Element der Mediation wird oft mit der „mediativen Haltung" umschrieben. Diese lässt sich anhand von fünf Aspekten charakterisieren:

• Wertschätzung

Eine wertschätzende Grundhaltung bedeutet, dass wir den Menschen mit Achtung und Respekt begegnen und ihr Selbstwertgefühl stärken. Es heißt auch, dass wir Menschen nie als Objekte oder als Mittel zum Zweck missbrauchen dürfen. Im Konfliktmanagement bedeutet es auch zu bedenken, dass Regeln und Gesetze gemacht sind, um den Menschen zu dienen und nicht umgekehrt.

• Allparteilichkeit

Die Allparteilichkeit ist verwandt mit der Neutralität. Der Unterschied liegt darin, dass Neutralität eine „objektive Distanz" zu den handelnden Personen und zur Problemstellung impliziert. Die Allparteilichkeit im Gegensatz dazu verlangt, für beide Konfliktbeteiligten in balancierter Weise Partei zu ergreifen. Es bedeutet auch das Aushalten der Unterschiedlichkeit der Konfliktbeteiligten. Diese Allparteilichkeit ist allerdings keine einmal erworbene, feste Haltung, sondern muss im Prozess immer wieder neu erworben und überprüft werden.[48]

• Akzeptanz

Die Fähigkeit, die andere Person anzunehmen mit ihren Stärken und Schwächen, auch wenn wir nicht mit allem einverstanden sind. Trotzdem akzeptieren wir diese Person mit ihren Interessen und Bedürfnissen. Die Akzeptanz bezieht sich auch auf die Themen und Anliegen der Person bzw. Konfliktpartei. Auch scheinbar unbedeutende Anliegen können in den Augen der betreffenden Person eine große Bedeutung haben.

• Zuversicht

Die Zuversicht des allparteilichen Dritten ist der erste Schritt in Richtung der Problemlösung. Wenn der Optimismus und das Vertrauen in die Lösungschance fehlt, dann ist es besser, den Auftrag abzulehnen. Zuversicht sowie Skepsis übertragen sich im Gespräch auf das Gegenüber und wirken sich förderlich oder hinderlich auf dessen Verlauf aus.

• Offenheit

Im Konfliktmanagement gilt es, die Parteien zu befähigen, ihre Wege zur Problemlösung zu gehen. Dazu braucht es die Flexibilität des Konfliktmanagers,

---

[48]Diez (2005).

den Beteiligten bei ihrer Lösungssuche zu folgen und die Offenheit, eigene Meinungen zu relativieren und eigene Lösungsideen fallen zu lassen.

Wenn Sie aus dieser „mediativen Haltung" heraus Fragen stellen, dann vermeiden Sie beispielsweise abwertende Fragestellungen („Wussten Sie nicht, dass…") oder normative Fragen („Versteht es sich nicht von selbst, dass…").

6.3.2 Frageform

Wir alle kennen unterschiedliche Arten zu fragen: Solche, die nur die Anwort ja oder nein zulassen (geschlossene Fragen) bis zu solchen, die überhaupt keine Antwort verlangen (rhetorische Fragen). Rhetorische Fragen sind übrigens eher ein Stilmittel als eine Frage und werden daher hier nicht weiter behandelt. In der offenen Gesprächsführung vermeiden wir bestimmte Frageformen und setzen andere verstärkt ein.

Zunächst zu den Frageformen, die bevorzugt eingesetzt werden. Die einfachsten von ihnen sind die offenen Fragen, die Verständnisfragen und die W-Fragen. Die etwas schwierigeren (weil nicht immer passenden Fragen) sind die zirkulären, die konstruktiven, die lösungsorientierten, die paradoxen und die Skalierungsfragen.[49]

- Offene Fragen

  Offene Fragen sind solche, die grundsätzlich alle Antwortmöglichkeiten offen lassen. Dadurch fühlt sich der Befragte eingeladen, seine Sichtweise darzulegen. Ein Vorteil besteht darin, dass man – im Gegensatz zu den geschlossenen Fragen – neue Informationen erhält anstatt nur die eigenen Vorannahmen zu überprüfen.
  Ein Beispiel: "Was vermuten sie, wie es zu dieser Situation gekommen ist?"

- Verständnisfragen

  Verständnisfragen sollen Klärung bewirken und dienen dazu, das Gehörte besser einordnen zu können. Das Ziel ist nicht, neue Informationen zu bekommen sondern zu verstehen.
  Ein Beispiel: "Verstehe ich das richtig, dass Ihnen die gesamte Verkaufsmannschaft unterstellt ist?"

- W-Fragen

  Die sogenannten „W-Fragen" beginnen mit W: Wie, wann, warum, wodurch, etc. Sie sind nützlich zur Klärung der Umstände des Themas. Unter den W-Fragen versteckt sich allerdings eine Frage, die in der offenen Gesprächsführung vermieden werden sollte, nämlich die Frage Warum. Eine Warum – Frage nötigt den

---

[49]Zepke (2005).

Befragten sich zu rechtfertigen. Er fühlt sich angegriffen oder in die Enge getrieben und wird daher ausweichen oder andere beschuldigen. Diese Frage lässt sich etwas entschärfen, indem man das „Warum" ersetzt beispielsweise durch „Was hat Sie veranlasst. . .".

• Zirkuläre Fragen

Mit zirkulären Fragen wird der Befragte eingeladen, die möglichen Positionen anderer in seine Überlegungen mit einzubeziehen und neue Blickwinkel zu erkunden. Er wird dadurch veranlasst, den eigenen Standpunkt zu relativieren und eine neue Sichtweise zuzulassen.
z.B. "Wie erklärt sich Ihr Kollege wohl Ihr Verhalten?" oder „Wie würde der Projektleiter die Situation beschreiben?"

• Konstruktive Fragen (bzw. hypothetische Fragen)

Konstruktive Fragen regen die Befragte dazu an, Gedankenexperimente im Sinne von „Was wäre wenn" zu unternehmen. Sie leiten so einen Nachdenkprozess ein, der über bisherige Erklärungsmuster hinausweisen kann. Sie ermöglichen dadurch Optionen zu entwickeln und auf neue Ideen zu kommen. Es können dadurch auch Rückschlüsse auf aktuelle Befürchtungen und Hoffnungen gezogen werden, die durch direktes Erfragen nicht immer deutlich werden.
z.B. „Was würden Sie persönlich anders machen?" oder "Was würde geschehen, wenn Sie Ihren Vorgesetzten darüber informieren?"

• Skalierungsfragen

Skalierungsfragen sind solche, mittels derer Einschätzungen an Hand einer imaginären quantitativen Skala (also z.B. von 1–10) abgefragt und durch Nachfragen weiter ausdifferenziert werden können. Diese Fragen sind hilfreich wenn es darum geht, die Komplexität eines Themas zu reduzieren. Der absolute Zahlenwert ist dabei weniger wichtig als der relative Wert, der sich im Verlauf der Konfliktbearbeitung verändern kann.
z.B. „Wie hoch schätzen Sie auf einer Skala von 1 bis 10 die Bereitschaft der anderen Partei ein, sich an der Problemlösung zu beteiligen?"

• Lösungsorientierte Fragen

Wir stellen häufig fest, dass viel Energie in die Beschreibung von Problemen und erstaunlich wenig in die Entwicklung möglicher Lösungen investiert wird. Daher empfiehlt es sich manchmal, die möglichen Lösungen ins Zentrum der Überlegungen zu stellen. Dies geschieht beispielsweise dadurch, dass nach Ausnahmen zum Problemzustand gesucht wird. Indem die Kontextbedingungen und Voraussetzungen des Nichtauftretens des Problems identifiziert werden, können in einem nächsten Schritt Strategien entwickelt werden, diese Bedingungen häufiger herzustellen.
z.B. „Wann läuft es gut?" oder „Was müsste passieren, damit es richtig gut läuft und alle zufrieden sind?"

- Paradoxe Fragen

  Paradoxe Fragen können einerseits die Befragten irritieren, bergen aber anderseits das Potenzial, die Möglichkeiten der aktiven Einflussnahme auf das Geschehen durch den Gesprächspartner zu identifizieren. Es können dadurch eigene Anteile und Handlungsmöglichkeiten erhoben werden.

  z.B. „Wie könnten Sie die Situation noch verschlimmern?"

Nun zu den Frageformen, die in der mediativen Gesprächsführung vermieden werden bzw. nur in Ausnahmefällen angewendet werden: Geschlossene Fragen, Alternativfragen, Suggestivfragen.

- Geschlossene Fragen

  Diese Fragen lassen nur Nein oder Ja als Antwort zu. Ein Beispiel dafür wäre: „Haben Sie gestern den Kopierer benützt?"
  Geschlossene Fragen engen die Befragte stark ein. Sie wird sich die Antwort daher gut überlegen oder ausweichen. Die Antwort hat also tendenziell defensiven Charakter.

- Alternativfragen

  Sie sind den geschlossenen Fragen sehr ähnlich, denn es gibt nur zwei Antwortmöglichkeiten. Ein Beispiel: "Ist das bei Ihnen die Ausnahme oder die Regel?"
  Alternativfragen haben die gleichen Vor- und Nachteile wie die geschlossenen Fragen.

- Suggestivfragen

  Dabei handelt es sich um Fragen, die nur eine Antwort zulassen. Die Antwort wird dem Befragten gleichsam in den Mund gelegt. Sie sind für den Befragten unangenehm und haben oft einen manipulativen Beigeschmack.
  Ein Beispiel: „Sie glauben doch wohl nicht, dass Sie hier etwas geschenkt bekommen, oder?"

Natürlich gibt es Ausnahmen: Beispielsweise kann gegen Ende eines Gesprächs, bei hohem Zeitdruck oder zur Klärung eines Sachverhalts manchmal die eine oder andere geschlossene Frage sinnvoll sein. Wichtig ist, dass der Fragende auf das Gesprächsklima achtet und sich der Wirkung der gestellten Fragen, sowohl hinsichtlich der Form als auch hinsichtlich des Inhalts bewusst ist.

6.3.3 Fragesystematik

Schließlich ist die Systematik der Fragen von Bedeutung. Damit ist gemeint, wie der Fragende das Gespräch aufbaut. Dabei sind folgende Punkte zu beachten:

• Den Gesprächsraum öffnen

Zu Beginn wird die Fragende versuchen, Fragen so zu stellen, dass der Befragte angeregt wird, neue Gedanken zu entwickeln und alternative Sichtweisen entstehen können. Öffnende Fragen ermöglichen ein breites Spektrum an Antwortmöglichkeiten. Auf diese Weise kann viel neue Information gewonnen werden.

• Zuhören statt reden und Pausen ertragen

Der Fragende sollte nicht mehr als etwa 10% der Gesprächszeit in Anspruch nehmen! Nach einer Frage sollte eine kurze Pause gemacht werden. Vermeiden Sie es, nach einer Frage sofort die nächste und die übernächste Frage nachzuschieben. Wenn die Befragte nicht gleich antwortet, sollten Sie Ihr Zeit geben! Wichtige Gedanken und Ideen entstehen oft in Gesprächspausen.

• Nicht zu stark an einem Schema bzw. Leitfaden hängen

Mit einem vorbereiteten Leitfaden erhält man nur Informationen, die in dieses Schema passen. Ein Gesprächsleitfaden ist zwar sinnvoll und nützlich, allerdings sollte man sich nicht davor scheuen, ihn zu verlassen und sich in eine ganz andere Richtung führen zu lassen.

• Zeit nehmen

Ein intensives Gespräch benötigt ausreichend Zeit. Es wird sich kaum in einer halben Stunde unterbringen lassen. Vermitteln Sie nicht den Eindruck, dass Sie gleich zu einem Nachfolgetermin müssen. Fragen Sie ausreichend nach. Hören Sie sich auch (scheinbar) belanglose Details an. Auf diese Weise entsteht eine vertrauensvolle Gesprächsatmosphäre.

• Verständnis zeigen; andere Reaktionen vermeiden

Die vermuteten Ansichten des Fragestellers haben großen Einfluss auf die Antworten des Befragten. Man erfährt umso mehr je besser es gelingt, Missfallen oder Kritik oder übertriebene Zustimmung zu unterlassen. Die einzige Reaktion sollte daher sein: Verständnis zeigen und verstehen wollen. Versetzen Sie sich in die Rolle einer Forscherin, die neues Terrain erkundet!

• Gefühlsregungen zulassen

Emotionen können wichtige Informationen sein. Daher sollte man nicht versuchen, Emotionen zu unterdrücken oder zu überspielen. Behutsames Verstehenwollen („Wie haben Sie diese Situation empfunden?") ist sinnvoll. Keinesfalls sollte hartnäckig nachgefragt oder nach Bestätigung der eigenen Vermutung gesucht werden.

● Konstruktiver Ausstieg & Vereinbarung

Beschließen Sie das Gespräch mit einer übereinstimmenden Sichtweise oder einem positiven Ausblick. Schließen Sie, wenn möglich, eine konkrete Vereinbarung.

6.4 Wann darf man rauchen?: wie es weiterging. . .

Frau Klar trifft am nächsten Morgen Herrn Schneider wieder. „Ich habe ein technisches Problem, das kannst nur Du lösen! Könntest Du mir helfen?"
Schneider: „Aber gerne!"
Nach erfolgter Hilfeleistung und Beseitigung des Problems überwindet Schneider sich ein zweites Mal: „Bei dieser Gelegenheit möchte ich Dich gerne fragen, ob ich Dich zum Abendessen einladen darf?"
„Da kann ich wohl nicht nein sagen!" lacht Sandra. „Aber dieses Mal musst Du mir eine Geschichte erzählen!"

Kapitel 7
Aufbau eines unternehmensinternen Konfliktmanagementsystems

Das siebte Kapitel beschäftigt sich damit, wie Unternehmen und Organisationen Mediation implementieren können, um die Kommunikations- und Konfliktkultur dauerhaft zu verbessern. Ich stelle die drei wichtigsten Säulen eines internen Konfliktmanagementsystems dar und entwickle einen praxisorientierten Leitfaden für die systematische Einführung von Mediation in acht Stufen.

7.1 Ein Pharmakonzern verbessert die interne Kooperation

Aus einem Fusionsprozess zweier erfolgreicher Pharmaunternehmen ging ein Konzern von europäischem Format hervor. Die Unternehmenskulturen waren allerdings sehr unterschiedlich, und die Integration war nicht ohne Schwierigkeiten verlaufen. Als die wichtigsten technischen Anpassungen durchgeführt waren entschloss man sich nach eingehender Analyse, ein unternehmensinternes Konfliktmanagementsystem aufzubauen.

Die Analyse wurde Auftrag gegeben, weil die Mitarbeiterbefragung nach der Fusion schlecht ausgefallen war und die Fluktuation sowohl unter den Mitarbeitern wie den Führungskräften bedrohliche Ausmaße angenommen hatte. Als besonders schmerzlich wurde der Verlust von zwei erfahrenen Führungskräften empfunden, die gemeinsam zum Mitbewerb abgewandert waren.

In dieser Situation war Handlungsbedarf offensichtlich und alles deutete darauf hin, dass die Konfliktfähigkeit und die Kultur der Zusammenarbeit gestärkt werden mussten.

7.2 Wozu ein internes Konfliktmanagementsystem?

Hat eine Mitarbeiterin oder eine Führungskraft ein Problem, zum Beispiel mit einem Kollegen, dann gibt es in der Regel drei Stellen, an die er oder sie sich wenden

S. Proksch, *Konfliktmanagement im Unternehmen*,
DOI 10.1007/978-3-642-12223-1_7, © Springer-Verlag Berlin Heidelberg 2010

kann: eine Kollegin, ihre Vorgesetzte oder den Betriebsrat. Alle drei Stellen haben Nachteile.

Spricht sie mit der Kollegin, dann kann sie sich zwar durch Aussprechen des Problems zeitweilig Erleichterung verschaffen, aber sie kann kaum erwarten, dass auf diese Weise der Konflikt gelöst wird. Mit der eigenen Vorgesetzten darüber zu sprechen, ist riskant. „Wie wird sie reagieren? Vielleicht ist sie anderer Meinung als ich. Oder sie hält mich für unsozial." Wendet sie sich an den Betriebsrat, dann muss sie damit rechnen, dass sie eine Konfrontation verursacht, bei der sie selbst unter Umständen auf der Strecke bleibt. Differenzen werden also häufig zwangsläufig unterdrückt und mitgeschleppt.

Dadurch entsteht Sand im Getriebe der Organisation. Ein innerbetriebliches Konfliktmanagementsystem (IKMS) hat den Zweck, eine strukturierte, verlässliche und nachvollziehbare Form zur Bearbeitung von Spannungen, Differenzen und Konflikten zu ermöglichen und zu fördern. Es ist allerdings nicht das Ziel, das Management aus der Verantwortung zu entlassen oder Führungsaufgaben zu ersetzen. Sondern es dient dazu, die Führungskräfte zu unterstützen und den Mitarbeitern alternative Möglichkeiten der Handhabung von Differenzen zu ermöglichen.

Ein IKMS schafft ein Ventil für Probleme. Es schafft die Möglichkeit, Konflikte an einer dafür geschaffenen Stelle in der Organisaiton zu thematisieren. Auf diese Weise kann das kreative Potenzial, das in Konflikten schlummert, für die Organisation gehoben und nutzbar gemacht werden.

Das innerbetriebliche Konfliktmanagementsystem erhöht die Transparenz und die Erwartungssicherheit für die Mitarbeiter. Der Nutzen dieses Systems besteht daher in einer Verbesserung des Betriebsklimas, der Senkung der Fluktuation und der Krankenstände und schließlich in der Steigerung der Mitarbeitermotivation.

7.3 Die Kernelemente des internen Konfliktmanagementsystems

Ein funktionierendes IKMS ruht im Wesentlichen auf drei Säulen: den internen Konfliktmanagern, der Unterstützung durch die Führungskräfte und einer Informations- und Kommunikationsstruktur (siehe Abb. 7.1).

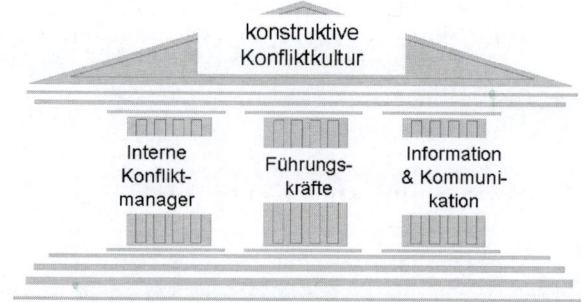

Abb. 7.1 die Kernelemente des internen Konfliktmanagementsystems (IKMS)

7.3.1 Interne Konfliktmanager *Lotsen / Navigatoren*

Interne Konfliktmanager sind Mitarbeiterinnen, die als Ansprechpartner bei Spannungen und Differenzen zur Verfügung stehen, selbst Mediationen durchführen oder geeignete Maßnahmen ergreifen, um ein bestehendes Problem einer Lösung zuzuführen. Diese Personen sind Mediatorinnen, die eine Ausbildung bei einem unabhängigen Institut oder einen Lehrgang absolviert haben oder im Rahmen des Projekts zu internen Konfliktmanagerinnen bzw. Mediatorinnen ausgebildet werden.

Ein sensibler Punkt bei der Einführung besteht darin, die richtigen Personen für diese Aufgabe zu finden. Sie müssen sorgsam ausgewählt werden, um die notwendige Akzeptanz der Organisation zu erhalten. Folgende Eigenschaften bzw. Charakterzüge sind wünschenswert:

- Soziale Kompetenz/Einfühlungsvermögen
- Kommunikationsfähigkeit
- Ganzheitliches Denken; Integration von „harten" und „weichen" Faktoren
- Zivilcourage vertikal (nach oben) und horizontal
- Offenheit (bezüglich sich wandelnder Umwelten und verschiedenartiger Kontexte)
- Aufgeschlossenheit für Anregungen und Feedback

In den meisten Organisationen, die ich kennengelernt habe, gibt es Personen, sogenannte „natürliche Vermittler", die eine hohe Akzeptanz und hohes Vertrauen in ihrer Organisation haben. Oftmals werden solche Personen bereits als Konfliktmanagerinnen in Anspruch genommen, auch ohne die Methode der Mediation zu kennen. Solche Personen als interne Mediatorinnen zu gewinnen erhöht die Glaubwürdigkeit und die Effektivität des Projekts.

In vielen Fällen beginnt ein IKMS mit einer einzelnen Person, welche die Verbesserung der Konfliktkultur in der Organisation in Angriff nimmt und die notwendigen Impulse setzt. Diese Rolle des „Motors der Veränderung" ist sehr wichtig, weil eine Idee und ein leidenschaftlicher Vermittler derselben andere Kollegen inspirieren können. Von ihm geht die Initialzündung zur Umsetzung aus, daher ist es auch zumeist sinnvoll, ihm die Umsetzungsverantwortung, also das Projektmanagement und die Koordination der internen Konfliktmanagerinnen anzuvertrauen.

→ Promotor

7.3.2 Die Rolle der Führungskräfte

Eine bedeutende Rolle im Konfliktmanagement kommt dem Management zu. Es ist unbestritten, dass Führungskräfte das soziale Verhalten der Mitarbeiter in der Organisation und damit die Unternehmenskultur prägen. Mitarbeiter orientieren sich an den Führungskräften, weil diese über ihre Tätigkeit, ihre Karriere sowie häufig auch über ihre Akzeptanz in der Organisation entscheiden.[50]

---

[50]Proksch (2007)

Wenn das Management eine offene und direkte Kommunikations- und Konfliktkultur vorlebt, dann ist es wahrscheinlich, dass auch die Mitarbeiter den Mut haben, sich Differenzen und Konflikten stellen und sie austragen. Praktizieren die Führungskräfte jedoch einen verdeckten oder hierarchisch orientierten Kommunikationsstil, dann gibt es für die Mitarbeiterinnen wenig Anlass, sich anders zu verhalten. Die Führungskräfte müssen ihre Vorbildwirkung wahrnehmen und eine offene Kommunikations- und Konfliktkultur vorleben. Nur so kann das Vertrauen der Mitarbeiter geweckt werden.

Konfliktmanagement ist, wie bereits erwähnt, zentrale Aufgabe von Führungskräften. Es ist ihre Verantwortung, dafür zu sorgen, dass Konflikte, die die Mitarbeiterinnen ablenken, die Arbeit lähmen und viel Geld kosten, einer Lösung zugeführt werden. Leider hat der oft zitierte Satz „Konfliktmanagement ist Führungsverantwortung" zur weiten Verbreitung einer falschen Arbeitsauffassung geführt. Viele Manager glauben, sie müssten jeden Konflikt selbst lösen. Es geht oft sogar soweit, dass die Meinung vorherrscht, wer Konflikte in seinem Team hat, der ist ein schlechter Manager. Vielen Führungskräften ist zu wenig bewusst, wo ihre eigenen Grenzen liegen, und wann sie einen Konflikt nicht mehr selbst lösen können. Managerinnen sollten stattdessen in der Lage sein zu unterscheiden, in welchen Fällen welches Konfliktlösungsverfahren einzusetzen ist, welche Rolle sie selbst dabei spielen und wann sie externe (oder interne) Unterstützung benötigen.

Erfolgreiches Konfliktmanagement stellt allerdings nicht nur auf der Ebene der Methoden hohe Anforderungen an Managerinnen, sondern auch auf der Ebene der Selbstwahrnehmung. Konfliktmanagement bedeutet auch zu wissen: wie gehe ich selbst mit solchen Situationen um, welche Disposition habe ich im Umgang mit Konflikten? Nur wer seine eigenen Muster kennt der kann in einer Spannungssituation entsprechend frei agieren, also sich bewusst für oder gegen eine spezielle Reaktionsweise entscheiden.

Dazu ein Beispiel: Erst wenn der betroffenen Person bewusst ist, dass sie sich in schwierigen Situationen immer in sein Büro zurückzieht und die Tür hinter sich schließt, kann sie sich dafür entscheiden, in einer bestimmten Situation auch mal auf Konfrontation zu gehen, anstatt die Flucht zu ergreifen.

Selbstwahrnehmung und Selbsterkenntnis sind also, wie ich meine, eine zentrale Voraussetzung nicht nur für Konfliktmanagement, sondern für effektive Führung im Allgemeinen.

7.3.3 Information und interne Vermarktung

Zu jedem erfolgreichen Projekt gehört auch ein entsprechendes Projektmarketing. Was nützt eine neue Methode, wenn sie nur einer Minderheit bekannt ist? Es besteht sogar die Gefahr, dass sich ein nützliches Verfahren nicht durchsetzt und letztlich wieder verschwindet, bloß weil es in der Organisation zu wenig bekannt gemacht wurde.

Man könnte meinen, eine neue Methode wie Mediation würde alleine durch den Erfolg und die dadurch entstehende Mundpropaganda die nötige Breitenwirkung erzielen. Dabei handelt es sich um einen weit verbreiteten Irrtum. In jeder mittleren oder größeren Organisation laufen meist mehrere, manchmal Dutzende Projekte gleichzeitig. Da kann ein Projekt schnell an Aufmerksamkeit verlieren. Ein gut durchdachtes Projektmarketing ist daher insbesonders in der Anfangsphase erfolgsentscheidend.

Für die richtige interne Vermarktung sind folgende Punkte relevant: Die Form der Kommunikation, der Aspekt der Vertraulichkeit und die richtige Wortwahl.

Es ist notwendig, die üblichen Formen der internen Kommunikation zur Bekanntmachung der Mediation intensiv zu nutzen: zum Beispiel per Mitarbeiterzeitschrift, E-Mail, etc. Ergänzend zur anonymen schriftlichen Kommunikation ist auch die Verbreitung über den persönlichen Kontakt durch Vorträge und Informationsveranstaltungen nützlich. Dadurch wird Vertrauen zu den Mediatoren geschaffen. Natürlich wirkt mit der Zeit auch die Mundpropaganda, wenn Mediationen erfolgreich durchgeführt werden.

Die Mediation ist ein Verfahren, bei dem der Diskrete Umgang mit den Themen und Inhalten ein zentrales Wesensmerkmal ist. Nur so kann erwartet werden, dass sich die Medianden dem Verfahren öffnen, ihre Vorbehalte überwinden und nach einer konstruktiven Konfliktlösung suchen. Ist Vertraulichkeit nicht sichergestellt und werden Informationen außerhalb der Mediation bekannt, dann ist eine weitere Eskalation des Konfliktes die Folge. Da Menschen lieber über ihre Konflikte den Mantel des Schweigens breiten als offen darüber zu reden, dürfen die Erwartungen an Mundpropaganda nicht zu hoch angesetzt werden.

Im Zusammenhang mit der Bekanntmachung der Mediation ist auch die Wortwahl von besonderer Bedeutung. Negativ besetzte Begriffe wie Konflikt oder Problem rufen bei den Rezipientinnen eine Abwehrhaltung hervor. Der Begriff Mediation, der vor wenigen Jahren noch weitgehend unbekannt war, wird mittlerweile immer mehr mit Konflikt assoziiert. Positive Begriffe wie Konsens, Kooperation und Zukunftsorientierung werden leichter angenommen. Mediation ist allerdings nicht nur eine Methode, um Konflikte zu bewältigen, sondern ebenso dazu einsetzbar, Differenzen und Spannungen im Vorfeld abzufangen sowie dazu, kreative Lösungen zu entwickeln. Dieser Aspekt sollte in der Kommunikation ebenfalls betont werden.

7.4 Leitfaden zur Einführung von Mediation

Viele Organisationen haben bereits positive Erfahrung mit Mediation gemacht. Konflikte, die über Monate die Zusammenarbeit belasteten und in vielen Bereichen Kosten verursachten, konnten gelöst werden. Was liegt also näher, als dieses Verfahren dauerhaft für das Unternehmen nutzbar zu machen?

Ich hatte als Mediator und Berater mehrmals die Gelegenheit, Organisationen während der Einführung von Mediation zu beraten und zu begleiten. Daraus entstand ein Leitfaden. Dieser soll Ihnen als Projektleiter, Führungskraft oder auch als externer Berater zur Orientierung für die Einführung eines IKMS dienen soll (siehe Abb. 7.2).

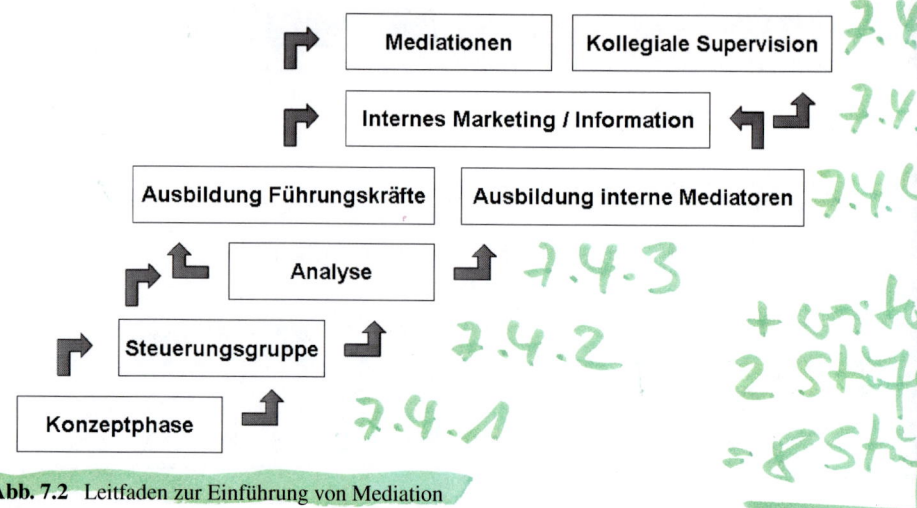

Abb. 7.2 Leitfaden zur Einführung von Mediation

7.4.1 Konzeptphase

Zu Beginn jedes neuen Projekts steht eine Idee. Damit diese Idee Grundlage für zielorientiertes Handeln wird, sollte sie in eine schriftliche Form gebracht werden. Sonst bleibt sie im Stadium einer unverbindlichen Überlegung oder Diskussion und gerät schließlich in Vergessenheit.

Ein solches Papier enthält erste Gedanken, wie Mediation für die Organisation nutzbar gemacht werden kann. Es beinhaltet beispielsweise folgende Punkte: was ist Mediation, wann kann Mediation angewendet werden, welche Voraussetzungen sind dazu notwendig, etc. Gelingt es darüber hinaus, einen Bezug zur Vision und Strategie der Oragnisation herzustellen, dann hat das Projekt gute Chancen, bei der Geschäftsführung bzw. dem Vorstand Akzeptanz zu finden.

In den Führungsgrundsätzen des Unternehmensleitbildes einer Supermarktkette findet sich beispielsweise folgende Aussage: „Wir regeln Konflikte intern konstruktiv. Wir suchen gemeinsam nach Lösungen. Konflikte sind eine nicht aus der Welt zu schaffende Realität. Wenn sie konstruktiv gelöst werden, können sie ein Motor für Weiterentwicklung sein. Das heißt, rechtzeitig Ungereimtheiten zu klären, Konflikte von mehreren Seiten zu betrachten und gemeinsam nach Lösungen zu suchen. Konflikte intern regeln bedeutet, diese nicht nach oben zu delegieren, sondern selbst Verantwortung für die Lösung der Probleme des eigenen Bereiches zu übernehmen." Dazu kann Mediation einen wertvollen Beitrag leisten.

Danach sollten Sie, der Mediation im Unternehmen einführen will, das Papier mit relevanten Personen aus dem Unternehmen abstimmen. Unterschiedliche Sichtweisen tragen zur Bereicherung und Abrundung bei und zeigen vielleicht Aspekte auf, an die man ursprünglich nicht gedacht hat. Folgende Organistionseinheiten haben häufig mit Konflikten zu tun und können daher wahrscheinlich einiges beisteuern: Personalabteilung, Rechtsabteilung, Organisationsabteilung, Betriebsrätinnen, Arbeitsmediziner, Arbeitspsychologinnen.

Im Anschluß daran muss das Management die Zustimmung zur Implementierung von Mediation in der Organisation erteilen. Dabei sollte man vorbereitet sein, folgende Fragestellungen zu beantworten:

- Was bringt dieses Projekt dem Unternehmen?
- Was kostet dieses Projekt voraussichtlich?
- Was kann dadurch eingespart werden?
- Wie hoch ist der Aufwand an Zeit und Mitarbeiterressourcen?

Entscheidend ist in diesem Zusammenhang, dass dieses Projekt vom Top-Management wirklich getragen und gefördert wird und dass dies im Unternehmen auch spürbar ist. Andernfalls ist dieses Projekt, wie viele andere, dazu bestimmt, keine nachhaltige Wirkung zu entfalten und schließlich im Tagesgeschäft unterzugehen.

7.4.2 Steuerungsgruppe

Auf die Entscheidung, das Projekt durchzuführen, folgt die Zusammenstellung eines Teams, das dieses Projekt in die Tat umsetzt. Ich nenne es die Steuerungsgruppe. Sie dient der inhaltlichen und prozessualen Planung zu Beginn sowie der Begleitung und Koordination des gesamten Projektes. Die Steuerungsgruppe sollte regelmäßig zusammentreffen. Sie überwacht die erzielten Wirkungen der Maßnahmen und greift bei Bedarf korrigierend in den Verlauf des Projektes ein. Die Entscheidung über Subprojekte, Maßnahmen etc. wird hier getroffen.

Es ist sinnvoll, dass in diesem Team möglichst alle Interessensgruppen vertreten sind, die zu dem Thema einen Bezug haben: Neben Personal- und Rechtsabteilung sowie Betriebsrat sollte je nach speziellen Gegebenheiten des Unternehmens entschieden werden, wer daran teilnehmen soll. Folgende Fragen erleichtern die Entscheidung: Wer würde sich übergangen fühlen, wäre er oder sie bei diesem Projekt nicht dabei; Wer beeinflusst den Erfolg maßgeblich?

Ich glaube, dass es besser ist, im Zweifelsfall eine Person zuviel als eine zu wenig ins Team aufzunehmen, denn wer sich übergangen fühlt, der wird sich später als Bremser bemerkbar machen. Wenn das Projektteam zu groß wird, also etwa 6–8 Personen übersteigt und dadurch die Arbeitseffizienz leidet, dann kann es hilfreich sein, dem Team ein „Sounding Board" beizustellen, welches regelmäßig über den Projektfortschritt informiert wird. Auf diese Weise wird ein größerer Personenkreis einbezogen, obwohl nicht alle im gleichen Ausmaß mitgestalten.

Darüber hinaus halte ich es für wichtig, zumindest einen – besser zwei – Promotoren für das Projekt zu gewinnen. Zunächst einen sogenannten „Macht-Promotor". Diese Funktion ist für ein erfolgreiches Projekt unerlässlich. Es handelt sich dabei um eine Führungskraft der höchsten Ebene, Vorstand oder Geschäftsführerin, die bei auftretenden Schwierigkeiten ihr Gewicht in die Waagschale wirft und das Projekt nach außen und gegenüber der Belegschaft vertritt und stützt. Weiters kann es nützlich sein, einen sogenannten „Fach-Promotor" zu finden, also eine Führungs-kraft, die inhaltlich viel vom Thema und von der Organisation versteht und das Projekt fachlich unterstützt und berät (z.B. Personalleiter). Eine weitere wichtige Rolle ist die der externen Mediatorin. Diese kann die notwendige Außenperspektive einbringen, hat bereits Erfahrung mit solchen Projekten und ist in ihrer Rolle als unabhängige Moderatorin gefragt.[51]

7.4.3 Analyse

„Keine Intervention ohne Analyse" lautet eine bewährte Beraterregel. Daher soll-te eine professionelle Analyse den Ausgangspunkt der weiteren Vorgangsweise im Projekt bilden.

Bei welchen Konflikten und in welchen Situationen Mediation eingesetzt werden kann und soll, dafür gibt es keine allgemeingültige Antwort. Die Problemfel-der sind von Organisation zu Organisation verschieden. Das kann in einem Fall das Mitarbeitergespräch, in einem anderen Fall die Schnittstelle zum Kunden, die Kompetenzenverteilung in den Arbeitsteams oder etwas anderes sein. Allerdings gibt es in jeder Organisation typische Konflikte, die regelmäßig auftreten und den Betrieb belasten. Werden solche identifiziert und bearbeitet, dann kann bald ein Erfolg spürbar werden. Daher sollte zunächst das bestehende System bzw. Konfliktlösungssystem untersucht werden. Dazu sind folgende Fragestellungen hilfreich:

- Welches sind häufig auftretende Streitfälle?
- Wer sind die Konfliktparteien?
- Wie werden die Konflikte beigelegt?
- Was sind die Kosten und was ist der Nutzen der angewandten Strategien?
- Warum werden diese Verfahren eingesetzt?
- Was spricht für und was spricht gegen die Anwendung von Mediation in diesen Fällen?

Auch als interne Projektleiterin, die für die Einführung von Mediatioan zustän-dig ist sollten Sie eine solche Analyse durchführen. Nach einer gewissen Zeit der Zugehörigkeit zu einer Organisation haben Sie ein bestimmtes Maß an „betriebs-blindheit" erworben. Gerade wenn Sie denken „Ich kenne meine Firma ohnehin gut genug." laufen Sie Gefahr, wichtige Aspekte zu übersehen.

Sind diese Fragen beantwortet, lässt sich eine Aussage darüber treffen, in welchen Bereichen Konflikte nicht zufriedenstellend gelöst werden und wo eine Anwendung von Mediation grundsätzlich sinnvoll erscheint. Ziel muss es sein, ein ausgewogenes Verhältnis von herkömmlichen und komplementären Formen der Konfliktbearbeitung zu finden.

---

[51] Proksch et al. (2004).

Zur Erleichterung der Analyse einige Anregungen:

- Mediation kann nur dann angewendet werden, wenn es gemeinsame Interessen der Konfliktparteien gibt. Wo die Interessen auseinandergehen, muss zumeist die Hierarchie für einen Ausgleich oder eine Entscheidung sorgen.
- Es müssen beide Konfliktparteien bereit sein, sich dem Verfahren und der Auseinandersetzung zu stellen oder zumindest einen Versuch zu wagen. Die Bereitschaft dazu kann durch sachgerechte Information über die Vor- und Nachteile der Mediation gefördert werden.
- Mediation ist insbesondere dann anzuwenden, wenn bei Konflikten Emotionen (Frustration, Wut, Angst,...) auftreten und wenn langfristige Beziehungen (z.B. Kunde – Lieferant) auf dem Spiel stehen. Dies ist beispielsweise bei persönlichen Konflikten zwischen Arbeitskollegen gegeben. An dieser Stelle ist auch die Mediation deshalb besonders hilfreich, weil eine Konfliktlösung durch Vorgesetzte aufgrund der persönlichen Involviertheit in das Geschehen in der Organisation schwierig ist.
- Mediation ist besonders dann zu empfehlen, wenn es sich um „unteilbare materielle oder immaterielle Güter" wie z.B. „Gerechtigkeit" oder einen wertvollen Gegenstand handelt. Bei teilbaren Gütern (z.B. wenn es um Geld geht), wird Mediation oft durch andere Verfahren ersetzt.
- Mediation kann nicht angewendet werden, wenn es eine klare Entscheidung des Managements gibt. Ist der Entscheidungsfindungsprozess einmal abgeschlossen und hat sich das Management festgelegt, dann wird es diese Entscheidung in der Regel mit allen zur Verfügung stehenden Mitteln durchsetzen, um einen Gesichtsverlust zu vermeiden.

Zusätzlich sollten Bedingungen geschaffen werden, einen konstruktiven Umgang mit Konflikten auch zu belohnen. Dazu dienen Anreizsysteme, damit Mitarbeiter auch einen Grund haben, Mediation in Anspruch zu nehmen. Wenn zum Beispiel in einem bestimmten Bereich erfahrungsgemäß eine Häufung von Konflikten (z.B. bei Kundenbeschwerden) auftritt und es gelingt einer Mitarbeiterin, die Konfliktfrequenz merklich zu senken, dann sollte dies mit einem Gehaltsbonus belohnt werden. Es ist allerdings nicht einfach, ein objektiv messbares und gleichzeitig vom Mitarbeiter beeinflussbares Schema zu erstellen. Dennoch lohnt sich der Aufwand, weil dadurch positive Motivationseffekte zu erwarten sind.

7.4.4 Ausbildung von internen Mediatoren und Führungskräften

Zur Bearbeitung der Problemstellungen und Konflikte werden interne Konfliktmanager ausgebildet. Diese Kolleginnen und Kollegen erhalten eine Kurzausbildung, die inhaltlich an eine Mediationsausbildung angelehnt ist. Die wichtigsten Inhalte dieser Ausbildung sind: Grundlagen der Mediation, Methodik und Instrumente der Mediation, Erkennen eigener Konfliktmuster und Erweiterung der Handlungskompetenz, Rollenverständnis, professionelle Haltung und dergleichen mehr. Damit können sie sowohl niedrigschwellig innerbetriebliche Konflikte in einem gewissen Ausmaß bearbeiten als auch Ansprechpartnerinnen für Fragen und Anliegen der Mitarbeiter sein. Höher eskalierte oder komplexe Konflikte werden an externe Mediatorinnen weitergegeben. Als Multiplikatoren sollen sie außerdem dazu beitragen, eine konstruktive Konfliktkultur in der Organisation zu verbreiten.

Für die Auswahl dieser Personen sind unterschiedliche Verfahren denkbar, von der offenen Ausschreibung bis hin zu soziometrischen Verfahren. Bei einem solchen Verfahren befragt man eine repräsentative Anzahl von Mitarbeitern danach, wem von den Kolleginnen sie am ehesten die Rolle eines Mediators zutrauen würden. Eine vereinfachte Variante besteht darin, einige Führungskräfte zu befragen, wen sie sich in dieser Rolle vorstellen könnten. So entsteht eine Liste von Namen, die anschließend nach der Häufigkeit der Nennungen gereiht wird. Schließlich werden die Personen selbst befragt, ob sie diese Aufgabe übernehmen wollen. Bei dieser Auswahl ist Folgendes besonders zu beachten: Es sollen weder Personen zu Mediatorinnen gemacht werden, für die es im Unternehmen scheinbar keine Verwendung gibt noch solche, die als undiplomatisch oder wenig feinfühlig gelten. Dies würde die interne Mediation unglaubwürdig machen.

Konfliktmanagement ist Führungsverantwortung, sowohl im Vorleben als auch in der Umsetzung. Um dieser Verantwortung gerecht werden zu können, ist für Führungskräfte ebenfalls Schulung und Training erforderlich. In diesen Seminaren müssen mehrere Aspekte des Konfliktmanagements berücksichtigt werden: die Sensibilisierung für Differenzen und Spannungen, Möglichkeiten und Grenzen der eigenen Rolle als Führungskraft, Methoden der Konfliktanalyse und Konfliktbearbeitung, Selbstreflexion und Selbsterfahrung.

Gerade in Zeiten hoher Veränderungsdynamik ist das Management von Differenzen, Spannungen und Konflikten weitgehend ausschlaggebend für den Erfolg oder Mißerfolg einer Führungsaufgabe. Ist eine Managerin entsprechend ausgebildet, dann ist sie in der Lage, durch den Einsatz von mediativen Techniken Konflikten im eigenen Bereich weitgehend vorzubeugen und bei Bedarf rechtzeitig qualifizierte Unterstützung anzufordern.

Dazu gehört insbesondere ein bestimmtes Maß an Selbsterfahrung. Entscheidend dabei ist, dass Führungskräfte erkennen, welchen Anteil sie selbst an Konflikten haben, wo ihre persönlichen Grenzen liegen, an welcher Stelle sie einen Neutralen beiziehen müssen, um eine Konfliktsituation zu entschärfen und in welcher Situation sie autoritär entscheiden müssen.

7.4.5 Information und interne Vermarktung

Wie ich bereits weiter oben in diesem Kapitel ausgeführt habe ist die aktive interne Vermarktung der Mediation entscheidendes Erfolgskriterium. Die genaue Planung derselben ist daher unerlässlich.

Als ersten Schritt sollten Sie sich überlegen, wer die wichtigsten Multiplikatoren sind, also jene Personen, die Mediation intern bekannt machen und mögliche

Auftraggeberinnen sind. Hat man eine Liste dieser Personen erstellt erhebt sich die Frage, wie diese am besten erreicht werden können. Per E-Mail? Per Telefonanruf? Durch die Mitarbeiterzeitung? Es sollte auf jeden Fall das persönliche Gespräch oder eine Präsentation in der jeweiligen Organisationseinheit gesucht werden, weil durch direkten Kontakt das notwendige Vertrauen in die Person des Mediators aufgebaut werden kann.

Als nächstes sollten die Art der Ansprache sowie die wichtigsten Argumente überlegt werden. Dabei ist entscheidend, nicht die Mediation verkaufen zu wollen, sondern bei den Problemen und Bedürfnissen der Kundinnen anzuknüpfen. Und schließlich sollte man Informationsmaterial hinterlassen können, um den potentiellen Kunden leichter im Gedächtnis zu bleiben und eine einfache Kontaktmöglichkeit im Bedarfsfall zu schaffen.

7.4.6 Durchführung von Mediation und kollegiale Supervision

Wenn die Resonanz des Unternehmens auf die Einführung eines IKMS positiv ist und sich die Chancen und Möglichkeiten der Mediation herumsprechen, wird die Anwendung von Mediation in der Organisation steigen.

Hier empfehle ich denjeningen, die die Mediation durchführen werden, diese Aufträge genau zu analysieren, denn nicht jeder Konflikt bzw. jede Differenz ist ein Fall für Mediation. Manchmal ist Coaching zu empfehlen, in anderen Fällen eine Teamentwicklung oder eine anderes Methode. Um die Erfolgswahrscheinlichkeit der ersten Mediationen zu erhöhen ist es ratsam, eine erfahrene externe Expertin als Co-Mediatorin beizuziehen oder zumindest den Fall durch einen Externen supervisorisch begleiten zu lassen. Das bedeutet, dass der interne Konfliktmanager gemeinsam mit einer externen Mediatorin den Fall analysiert und reflektiert. Dadurch wird mehr Sicherheit und Professionalität in der Tätigkeit gewonnen. Auch diese Funktion übernehmen schrittweise die internen Konfliktmanager durch regelmäßige kollegiale Supervision. So ist ein reibungsloser Übergang des Know-hows von externen zu internen Konfliktmanagerinnen gesichert.

Kollegiale Supervision dient dazu, das Know-How über Mediation im Mediatorenteam zu verbreiten, Grenzen der eigenen Gestaltungsmöglichkeiten sichtbar zu machen und generell von einander zu lernen. Dadurch wird ein hohes Qualitätsniveau in der mediatorischen Arbeit hergestellt und gehalten. Das Mediatorenteam sollte sich zumindest alle zwei Monate treffen, um Praxisfälle zu reflektieren und zu diskutieren.

Es darf allerdings nicht übersehen werden, dass der Tätigkcit von internen Mediatoren Grenzen gesetzt sind. Nicht alle Konfliktfälle können von Interen bearbeitet werden. Das beginnt bei Fällen, in denen die Neutralität gegenüber den Medianden nicht gegeben ist und erstreckt sich auf Fälle, an denen Personen aus dem Top-Management der Organisation beteiligt sind. Hier beginnt die Tätigkeit von externen Mediatoren.

7.4.7 Verankerung in der Organisation

Wurden am Ende des Projektes die gewünschten Ziele erreicht und vom Management wird der Erfolg bescheinigt, dann ist die Zeit reif darüber nachzudenken, wie die Mediation nachhaltig in der Organisation verankert werden kann. Es sollte entweder eine Stelle für Mediation (bzw. interne Beratung und Konfliktmanagement) geschaffen werden oder die Mediation einer bestehenden Organisationseinheit als zusätzliche Aufgabe übertragen werden, wodurch diese Funktion kostenschonender wahrgenommen werden kann.

In diesem Zusammenhang stellt sich die Frage, wo die Mediation organisatorisch zugeordnet werden soll. Es spricht vieles dafür, dass sie als Stabsstelle organisiert sein sollte, weil eine solche Stelle beratende, unterstützende Funktion hat und daher mit internen Beratungsfunktionen vertraut ist.

Diese Stabsfunktion könnte der Personalabteilung, der Organisationsentwicklung, der Rechtsabteilung, dem Vorstand bzw. der Geschäftsführung direkt zugeordnet sein. Das ist jeweils nach den spezifischen Gegebenheiten der Organisation zu beurteilen, wobei folgende Kriterien zu beachten sind: Möglichst große Unabhängigkeit bei gleichzeitig hoher Vertrauenswürdigkeit sollten gewährleistet sein. Schließlich gilt der Grundsatz: Je höher in der Hierarchie, umso besser die Wirkmöglichkeit.

7.4.8 Laufendes Controlling

Um den Nutzen der Mediation zu dokumentieren und um eventuelle Verbesserungen vornehmen zu können empfiehlt es sich, einen Controllingprozess zu etablieren.

Das laufende Controlling der Mediation im Unternehmen ist wegen des zentralen Kriteriums der Vertraulichkeit ein heikler Punkt. Es sollte zumindest nach jeder Mediation eine kurze Auswertung des Prozesses stattfinden (ähnlich einer Seminarbeurteilung), um Stärken und Schwächen des Verfahrens sowie Trends und Entwicklungen abschätzen zu können.

Diese Ergebnisse können dann – natürlich in anonymisierter Form – in einen Bericht einfließen, der in regelmäßigen Abständen der Geschäftsführung vorgelegt wird.[52]

7.5 Ein Pharmakonzern verbessert die interne Kooperation: Wie es weiterging. . .

Das Projekt zur Verbesserung der internen Kooperation und des Konfliktmanagements mittels Mediation dauerte insgesamt elf Monate. Es wurde eine Gruppe von drei Mediatorinnen zusammengestellt, die alle eine externe Mediationsausbildung absolviert hatten. Aus den Reihen dieser Gruppe wurde die Beauftragte für Konfliktmanagement gewählt.

---

[52] Proksch et al. (2004).

Das Team wurde durch vier weitere Mediatoren aus der Organisation ergänzt, welche in einer Kurzausbildung im Umfang von 4 Wochenendmodulen geschult wurden. Danach wurde eine Erhebung der häufigsten Konfliktursachen durchgeführt sowie die üblichen Formen des Konfliktmanagements in der Organisation erhoben. Die Analyse ergab unter anderem, dass bei den meisten Führungskräften ein stark hierarchisch geprägtes Führungsverständnis vorherrschte, welches immer wieder zu Konflikten innerhalb der Abteilungen und Teams führte. Spezifisch für diese Situationen wurden Vorgehensweisen beschrieben sowie die Führungskräfte über die Möglichkeiten des Konfliktmanagements und der Mediation informiert.

Die Ausbildung der Führungskräfte im Rahmen eines 2-Tages-Seminars verlief reibungslos. Die meisten Manager zeigten sich interessiert und aufgeschlossen für die neue Methode.

Die interne Bekanntmachung der Mediation ging zügig und reibungslos vonstatten, weil die meisten Mitarbeiter ein reges Interesse an der neuen Methode zeigten. Tatsächlich stellten sich nach einiger Zeit auch Anfragen für Mediation ein, wovon die meisten Fälle auch gelöst werden konnten.

Bis zum heutigen Zeitpunkt ist die Mediaiton in diesem Unternehmen gut etabliert und wird gerne in Anspruch genommen. Im Zuge der jährlichen Mitarbeiterumfrage konnte nachgewiesen werden, dass sich die Zusammenarbeit und die Konfliktkultur spürbar verbessert hatten.

Abb. 7.3 Bei Gericht

Kapitel 8
Einführung von Mediation im Unternehmen: zwei Fallstudien

In diesem Kapitel stelle ich zwei unterschiedliche Organisationen, eine Bank und ein Spital dar, die Mediation implementiert haben und dabei von mir beraten wurden. Die Beschreibung des Einführungsprozesses folgt dem in Kap. 7 beschriebenen Aufbau. Bei der Darstellung bemühe ich mich, die spezifischen Charakteristika der Organisationen zu berücksichtigen und gleichzeitig die gewonnenen Erfahrungen auf andere Unternehmen übertragbar zu machen.

8.1 Einführung von Mediation in einer Bank

8.1.1 Vorgeschichte des Projekts

Im Jahr 2006 wurde ich mit der Aufgabe betraut, die Mediation als neue Methode zur Konfliktbearbeitung in einer Bank zu implementieren. Im Jahr der Beauftragung waren in dem besagten Unternehmen ca. 8.000 Mitarbeiterinnen beschäftigt. Inklusive der zu der Unternehmensholding gehörenden Tochtergesellschaften belief sich die Mitarbeiterzahl laut Geschäftsbericht auf 13.000 Personen.

Das Jahr 2005 hatte für das Unternehmen eine Reihe von Herausforderungen gebracht. Die internationale Konkurrenzsituation hatte sich zunehmend verschärft. Gleichzeitig musste unternehmensintern der Fusionsprozess mit einer anderen Bank von annähernd gleicher Größe bewerkstelligt werden. Dieser schwierige und turbulente Prozess erzeugte eine Reihe von Konflikten, die im Rahmen der Fusion nur ansatzweise bearbeitet werden konnten. Der Bogen der Friktionen spannte sich von der Vereinheitlichung zweier verschiedener EDV-Systeme bis zur Zusammenlegung unterschiedlicher Abteilungen, die zuvor Konkurrenten gewesen waren. Das alles musste unter hohem Zeitdruck bei gleichzeitiger Aufrechterhaltung des Tagesgeschäftes über die Bühne gehen.

Zum Zweck der Fusion wurde ein umfassendes Integrationsprojekt ins Leben gerufen, welches diesen Prozess steuern sollte. Dieses Projekt, bestand aus

S. Proksch, *Konfliktmanagement im Unternehmen*,
DOI 10.1007/978-3-642-12223-1_8, © Springer-Verlag Berlin Heidelberg 2010

mehreren Subprojekten, wie z.B. EDV-Zusammenführung, Prozessmanagement, Strategieprojekt, etc.

Im Rahmen des Integrationsprojektes wurden auch im Bereich Personalmanagement vielfältige Maßnahmen gesetzt: Die Führungskräfte wurden im Veränderungsmanagement geschult, Beratung bei der Umsetzung von Change-Maßnahmen wurde angeboten, Dialogveranstaltungen wurden abgehalten, Teamentwicklungen bis hin zu Einzelcoachings durchgeführt. Regionale Change Agents wurden als Multiplikatoren eingesetzt, um den Veränderungsprozess vor Ort zu unterstützen.

Viele dieser Maßnahmen zeigten Erfolge bei der Integration der zwei Unternehmen mit völlig verschiedenen Unternehmenskulturen. Dennoch kam es immer wieder zu Pannen und Rückschlägen. Beispielsweise wurden Abteilungen zusammengelegt, ohne dass begleitende oder unterstützende Maßnahmen (Teamentwicklung, Coaching, Mediation,...) ergriffen wurden. Die Konsequenz war, dass die Abteilungen über Monate nur eingeschränkt arbeitsfähig waren und es zu massiven internen Konflikten bis hin zum Auftreten von Mobbing kam, was schließlich in eine Kündigungswelle mündete.

An anderer Stelle wurden Organisationseinheiten mit gleichen oder ähnlichen Aufgaben betraut, so dass sie nicht anders konnten, als sich intern zu konkurrenzieren und auf diese Weise das gemeinsame Ziel aus den Augen zu verlieren. Durch unzureichendes Know-How und Methodenwissen im Bereich Kommunikation und Konfliktmanagement konnten diese Probleme nicht gelöst werden und wurden mitgeschleppt.

Der Vorstand entschloss sich daher, eine Kulturanalyse durchzuführen, um festzustellen, welche die bedeutendsten Leistungsblockaden sind und welche „Anker" bzw. Stellgrößen (im Hinblick auf Management, Kundenorientierung, Projektkultur, Transparenz, Leistung des Unternehmens, Umgang miteinander) für den Veränderungsprozess förderlich und welche hinderlich waren.

Die Kulturanalyse ergab, neben einigen positiven Aussagen auch eine Reihe von Mängeln. Vor allem im Bereich Management und Führung wurde erwähnt, dass Zentralismus, Bürokratismus und Überregulation sowie Status- und Machtdenken zu einer Kultur des Misstrauens und gegenseitiger Abwertung führten. Dadurch sei die Gefahr eines unfruchtbaren und lähmenden Kräfteverschleißes gegeben. Hier bestand aber auch die Chance von Synergien, wenn es gelänge, gemeinsame Dialoge zu initiieren und zu verstärken.

Daraus wurden schließlich mehrere Handlungsempfehlungen abgeleitet. Die zentrale Empfehlung war: Die Mitarbeiterinnen müssen systematisch einbezogen und an Entscheidungsprozessen beteiligt werden. Ziel müsse ein unbürokratisches, offenes und konfliktbejahendes Arbeitsklima sein. Die konfliktscheue, verdeckte und unterschwellige Kommunikationskultur müsse überwunden werden.

Der Vorstand reagierte rasch und angemessen, indem er kurze Zeit später ein Leitbild verabschiedete, in dem es heißt: „Kooperation und Teamwork, Kritikfähigkeit und Konfliktkultur sind Schlüssel zu unserem Erfolg".

Zur Umsetzung dieses Leitbildes wurden mehrere strategische Maßnahmen beschlossen. Kern der Strategie war die Einführung eines Systems zur strukturierten Bearbeitung und Lösung von internen Konflikten mit Hilfe von Mediation.

8.1.2 Konzeptphase

Bereits vor der Beauftragung mit dem Projekt Einführung von Mediation zur
Förderung einer offenen Kooperations- und Konfliktkultur erstellte ich für die Auftraggeber ein Basiskonzept, welches die wichtigsten Fragen zu Konfliktmanagement
und Mediation im Unternehmen beantwortet: Was ist und was bezweckt Mediation?
In welchen Fällen ist Mediation einsetzbar? Welche Chancen und Risiken sind damit
verbunden? Danach schlug ich einen Vorgehensplan für die Einführung vor.

Die oben gestellten Fragen beantwortete ich in meinem Grobkonzept folgendermaßen: „Die gegenwärtige Situation des Unternehmens ist durch folgende Faktoren
geprägt:

- Notwendigkeit massiver Kostensenkung in allen Bereichen
- Nachwirkungen der Integration zweier Unternehmen
- Weitreichende interne Umstrukturierungen
- Verschärfter Wettbewerb

Diese Gegebenheiten erzeugen eine steigende Konflikthäufigkeit bei gleichzeitig sinkender Toleranz der Mitarbeiter, ungelöste Konflikte hinzunehmen. Hohe
Fluktuation und steigende Konfliktkosten sind die auffälligsten Konsequenzen. Mediation kann einen wesentlichen Beitrag dazu leisten, die Mitarbeiterfluktuation
zu senken, die Produktivität zu erhöhen, die Verschwendung von Zeit, Geld und
Mitarbeiterressourcen zu reduzieren und die Burnoutrate zu senken."

8.1.3 Steuerungsgruppe

Der nächste Schritt bestand darin, eine Steuerungsstruktur für das gesamte Projekt
zu installieren, also ein Projektteam aufzustellen. Dazu benötigte ich, abgesehen
von mir als Berater und Mediator: einen Projektleiter, kompetente Kollegen für die
inhaltliche Projektarbeit und (zumindest) einen Promotor.

Diese Personen mussten noch im Unternehmen gesucht und angesprochen
werden. Dabei war mir wichtig, dass es sich um Personen handelt, die eine
abgeschlossene Mediationsausbildung haben oder zumindest mit Mediation und
Konfliktmanagement vertraut sind.

Durch Zufall erfuhr ich, dass es im Haus eine Kollegin mit abgeschlossener
Mediationsausbildung gab. Diese Kollegin wiederum kannte eine weitere Mitarbeiterin mit derselben Qualifikation. Beide waren spontan bereit, in dem Projekt
mitzuwirken.

Als nächstes benötigten wir einen (Fach-) Promotor, also jemanden, der das
Thema Mediation inhaltlich unterstützt und fachlich berät, der aber auch als Manager der mittleren Ebene das Projekt gegen Widerstände im Management verteidigt,
Kontakte herstellt und bei Bedarf „Türen öffnet". Der Leiter der Personalentwick-
lung/Strategie war an der Mediation interessiert und daher auch bereit, das Vorhaben

zu unterstützen. Er nahm regelmäßig an den Projektsitzungen teil und stellte hin und wieder auch Personalressourcen, z.B. im Sekretariat, bereit.

8.1.4 Analyse

Um das Projekt zu konkretisieren und an die Bedürfnisse der Organisation anzupassen, führte ich mit einer Reihe von Mitarbeitern und Führungskräften leitfadengestützte Einzelinterviews. Diese Interviews erfüllten nicht nur den Zweck, eine Vorstellung über den Bedarf für Konfliktmanagement im Unternehmen zu bekommen, sondern ich konnte die Gesprächspartnerinnen auch für das geplante Projekt interessieren und sie für das Thema Konfliktmanagement generell sensibilisieren. So entstand ein detailliertes Konzept, welches die grundlegenden Fragen beantwortete und auch der gegebenen Situation im Unternehmen Rechnung trug.

Als nächster Schritt wurden gemeinsam mit dem Management operationale Ziele festgelegt:

- Senkung der Mitarbeiterfluktuation um 20%
- Senkung der Krankenstände um 20%
- Steigerung der Mitarbeiterzufriedenheit (gemessen an Hand der jährlich durchgeführten Mitarbeiterbefragung) um 50% – jeweils in den Bereichen, wo ein Mediationsverfahren erfolgreich abgeschlossen worden war.
- Ein weiteres Ziel war, mindestens 10 erfolgreiche Mediationen bzw. Konfliktinterventionen im Laufe eines Jahres im Haus durchzuführen.

Ein besonderer Schwerpunkt in dem Projekt sollte auf die interne Vermarktung des Themas Mediation gelegt werden. „Die besondere Herausforderung in diesem Projekt liegt sicherlich darin, im Haus für diese Methode eine Nachfrage zu schaffen," betonte ein Mitglied des Vorstands. Schließlich wurde mir mitgegeben, dass sich dieses Vorgehen intern „rechnen" müsse, dass also das Ganze – nach einer Aufbauphase – die Kosten auch wieder einspielen müsse. Wie das zu bewerkstelligen sei, blieb zunächst offen.

8.1.5 Ausbildung von internen Mediatoren und Führungskräften

In diesem Projekt hatten wir von Anfang an die glückliche Situation, über einen Pool an extern ausgebildeten Mediatoren zu verfügen. Diese Personen waren daher ohne Einschulung in der Lage, Mediationsverfahren durchzuführen.

Etwas schwieriger gestaltete sich die Schulung der Führungskräfte. Die meisten Manager standen dem Projekt zwar wohlwollend gegenüber, sahen jedoch keine Veranlassung, selbst ein Training in Konfliktmanagement zu besuchen. Es herrschte die Auffassung, man selbst wäre in diesem Feld ohnehin bereits ausreichend qualifiziert. Erst durch einen nachdrücklicher Appell des Vorstandes gelang es, eine größere Gruppe von Führungskräften für zwei Blockseminare zu gewinnen.

8.1.6 Information und interne Vermarktung

Information und Kommunikation sind zentral für das Gelingen jeder Managementaufgabe. Dies gilt insbesondere bei Veränderungsvorhaben und im Change Management.[53] Mir war daher von Beginn an klar, dass das „Was" und das „Wie" der Informationsweitergabe in unserem Projekt mit über Erfolg und Misserfolg entscheiden würde.

Die Aufgabe unseres Team bestand darin, die Mediation im Haus bekannt zu machen und dafür Akzeptanz zu schaffen. Wir gingen davon aus, dass eine stark personenbezogene Dienstleistung wie Mediation, die außerdem das Tabuthema Konflikt berührt, nicht allein durch die Firmenzeitschrift und interne Mails bekannt gemacht werden kann, sondern dass dazu direkte Kommunikation erforderlich ist, damit Vertrauen entstehen kann.

Wir entschieden uns deshalb, die direkte Kommunikation („face to face") als primäres Mittel der Bekanntmachung unseres Anliegens zu wählen. Wir beschlossen, in einer Reihe von zentralen und dezentralen Organisationseinheiten (Abteilungen, regionale Zentren, etc.) Präsentationen durchzuführen, um auf diese Weise nicht nur das Thema Mediation bekannt zu machen, sondern auch einen persönlichen Kontakt zu den Mitarbeitern herzustellen. So führten wir über 20 Präsentationen im Unternehmen durch.

Dazu wählten wir eine sehr einfache Vorgehensweise: Wir nahmen mit dem Leiter einer Organisationseinheit Kontakt auf und boten an, eine Präsentation des Themas Mediation durchzuführen. Fast alle waren interessiert und nahmen das Angebot schon deshalb gerne an, weil das Thema eine gewisse Abwechslung in der üblichen Routine der Abteilungsmeetings versprach.

Die Präsentationen fanden entweder im Rahmen eines regulären Meetings statt oder es wurde zu diesem Thema ein Extratermin festgesetzt. Sie dauerten in etwa 30 Minuten, anschließend erfolgte eine Diskussion mit den Teilnehmern.

Bei fast allen Präsentationen war eine große Aufgeschlossenheit und Interesse am Thema zu spüren. Viele fanden es positiv, dass ihnen eine interne Dienstleistung einmal direkt angeboten wird, und nicht bloß über schriftliche Mitteilung oder Anweisung von oben. Die meisten der Zuhörer konnten sich auch vorstellen, das Angebot der Mediation im Bedarfsfall anzunehmen.

Die Präsentationen fanden allerdings nicht nur in den Organisationseinheiten, wie sie im Organigramm abzulesen waren statt, also in den Abteilungen und dezentralen Einheiten sowie den Tochtergesellschaften, sondern auch bei bestimmten relevanten Funktionsgruppen, wie zum Beispiel den Qualitätsbeauftragten, den Ärzten, den Betriebsräten. Besonders die Betriebsräte hatten hohes Interesse an der Mediation, und es wurden von ihnen immer wieder Fälle an uns herangetragen.

Als begleitende Kommunikationsmaßnahme wählten wir die Information über die Mitarbeiterzeitschrift. Auf diese Weise wurde das Thema Mediation breit gestreut in der Unternehmensöffentlichkeit bekannt gemacht. Dadurch war es leichter,

---

[53] Doppler und Lauterburg (1994).

bei den Abteilungen Termine zu bekommen, weil die Kollegen von Beginn an interessiert waren.

Es wurden insgesamt drei Artikel über die interne Mediation veröffentlicht, was einen bedeutenden Beitrag zu unserer Bekanntheit im Unternehmen leistete. Wir mussten allerdings feststellen, dass die Bekanntmachung durch die Firmenzeitschrift alleine kaum Mediatonsfälle bringt, denn nur ein einziger interner Mediationsfall kam auf diese Weise zu Stande. Wir schlossen daraus, dass Mediation dann in Anspruch genommen wird, wenn man die Mediatorin persönlich kennt oder wenn sie durch einen Bekannten empfohlen wird. Ein Printmedium ist tendenziell zu anonym für eine Dienstleistung wie Mediation, die ein hohes Maß an Vorschussvertrauen benötigt.

Ein weiteres von uns genutztes Kommunikationsmedium war das interne E-Mail-System. Wir richteten einen einfachen „Newsletter" ein, um Kollegen, die an der Mediation interessiert waren, mit Informationen zu versorgen. Diejenigen Mitarbeiterinnen, die sich bei unserer Präsentation besonders interessiert gezeigt hatten, wurden von mir in den Mailverteiler aufgenommen und etwa monatlich mit aktueller Information über Mediation und Kommunikation sowie Konfliktmanagement versorgt.

Beispiel: **Artikel in der Mitarbeiterzeitschrift**

Wenn aus der Mücke ein Elefant wird

Wenn die Kommunikation in der Sackgasse steckt, wenn Kollegen einander nicht mehr riechen können oder dicke Luft in der Abteilung herrscht, dann ist dagegen ein Kraut gewachsen: Mediation!

Konflikte sind für die meisten Menschen etwas sehr Unangenehmes, sie sind störend, bedrohlich, destruktiv und schmerzhaft, daher werden sie gerne unter den Teppich gekehrt. So lange, bis kein Stäubchen mehr darunter passt und die Explosion vorprogrammiert ist. Häufig platzt der Kragen leider genau am falschen Ort zur falschen Zeit. Anstatt einen Konflikt als das zu sehen, was er ist, nämlich ein Zeichen dafür, dass etwas nicht in Ordnung ist und geändert werden muss, wird versucht auszuweichen – eben so lange, bis es nicht mehr geht.

Aber Vorsicht: Nicht jede Meinungsverschiedenheit ist ein Konflikt. Diese zeichnen sich dadurch aus, dass eine Fülle unterschiedlicher Mechanismen gleichzeitig wirken. Sie führen zu einer Verzerrung der Wahrnehmung, zur Fixierung negativer und feindseliger Einstellungen und letztlich zu völlig destruktivem Verhalten. Vorwürfe zur Sache werden zu Vorwürfen gegen die Person und deren Charakter. Der Konflikt eskaliert, das Niveau der Auseinandersetzung sinkt. Wenn die Lage eskaliert, dann ist es für die Beteiligten alleine kaum noch möglich, gemeinsam konstruktive Lösungen zu finden.

An dieser Stelle kann der Mediator (Vermittler) zum Einsatz kommen. Voraussetzung dafür ist, dass alle Betroffenen auch wirklich bereit sind, eine Lösung zu suchen, bei der jeder gewinnt – denn das ist das Ziel der Mediation. Die vermittelnden Mediatoren helfen den Streitparteien, eine Lösung zu finden, wobei es nicht ihre Aufgabe ist, ein Urteil zu fällen. Sie sind sozusagen unparteiische Dritte, die den Konfliktparteien dazu verhelfen, selbst eine ihren Interessen entsprechende Übereinkunft zu erarbeiten. Erfolgreich ist die Mediation nur dann, wenn sie mit einer gründlichen, systematischen Analyse beginnt. Das Herausarbeiten der Interessen, die hinter den Positionen stehen, ist ein weiterer wichtiger Schritt.

Denkt man an so manche Konflikte, die es auszufechten gilt, könnte der Wunsch auftauchen, so einen Vermittler zu engagieren, der einen aus der eigenen Verbohrtheit lockt. Nun, diese Möglichkeit gibt es jetzt! Andrea E. und Paul F. haben - unabhängig voneinander – ganz nebenbei die Ausbildung zum Mediator gemacht und sind bereit, ihr Können und ihre Erfahrungen innerhalb des Unternehmens zur Verfügung zu stellen. Es laufen bereits Gespräche mit dem Vorstand und dem Personalbereich, wie dieses Wissen zum Nutzen des Unternehmens eingesetzt werden kann. Aber bereits jetzt können Kolleginnen und Kollegen die Dienste der Vermittler in Anspruch nehmen. Wer also dem Zimmerkollegen nur mehr mit gefletschten Zähnen gegenüber tritt oder bei einem weniger heißen Konflikt Mediation in Anspruch nehmen möchte, der Findet Rat bei Andrea E. (Tel.Nr.) oder Paul F. (Tel.Nr.). Vertraulichkeit ist garantiert! Ach ja: Die Kostenstelle wird nicht belastet!

8.1.7 Durchführung von Mediation und kollegiale Supervision

Bei einer unserer ersten Präsentationen kam es auch bereits zu einem Auftrag, einen Konflikt in einer Vertriebseinheit zwischen dem Team und seinem Chef zu bearbeiten. Dieser Auftrag konnte von uns in wenigen Mediationssitzungen zur Zufriedenheit der Beteiligten erfüllt werden, was das Selbstvertrauen des Teams nachhaltig stärkte.

Die inhaltliche Projektarbeit lief sehr erfolgreich. Die eingehenden Mediationsanfragen wurden zunächst geprüft, ob sich der Fall für Mediation eignet oder ob ein anderes Verfahren (Coaching, Teamentwicklung, Moderation,. . .) angebracht ist. Kamen wir zu dem Schluss, dass Mediation das geeignete Verfahren ist, dann wurde in den meisten Fällen die Mediation von den internen Mediatoren, manchmal mit meiner Unterstützung als Co-Mediator durchgeführt.

Insgesamt wurden im Rahmen dieses Projektes bis zu meinem Ausscheiden als externer Berater acht Mediationen druchgeführt. In den meisten Fällen handelte es sich um Konflikte zwischen Kollegen, manchmal um Teamkonflikte oder um Differenzen zwischen Mitarbeitern und ihren Vorgesetzten.

Wir legten besonderes Augenmerk darauf, die Fälle zu Beginn gut zu analysieren, um eine treffsichere Einschätzung abgeben zu können, ob der gegenständliche Fall tatsächlich die Voraussetzungen für eine Mediation erfüllt. Auch wenn wir nicht immer ganz richtig lagen, bewirkte diese Maßnahme, dass wir „unlösbare" Fälle ablehnten und auf diese Weise alle bis auf einen von uns erfolgreich abgewickelt werden konnten.

Von Anfang an richteten wir eine sogenannte Intervisionsgruppe ein. Die internen Mediatoren trafen sich einmal pro Monat um aktuelle Fälle oder Problemstellungen zu besprechen, mögliche Herangehensweisen und Lösungsoptionen zu entwickeln und von einander zu lernen.

8.1.8 Verankerung in der Organisation

Das Projekt war von Beginn an der Personalabteilung zugeordnet. Der Projektleiter war Mitarbeiter dieser Organisationseinheit, und wir berichteten regelmäßig an den Personalleiter und den Vorstand.

Dies hatte einerseits den Vorteil, dass das Projekt in fachlich kompetenten Händen lag, andererseits den Nachteil, dass manche Mitarbeiter des Unternehmens eine gewisse Skepsis dieser Abteilung gegenüber haben. Schließlich befinden sich dort die Personalakte jeder Mitarbeiterin. Und daher sind einige Kollegen sehr vorsichtig, mit welchen Problemen sie sich an die Personalabteilung wenden. „Man weiß ja nie, welche Informationen schließlich im Personalakt ihren Niederschlag finden!" ließen sich einige Stimmen vernehmen. Trotz intensiver Aufklärungsarbeit konnte die Skepsis nicht zur Gänze beseitigt werden.

Immer wieder wurde im Team diskutiert, ob das Projekt nicht als Stabsstelle beim Vorstand besser angesiedelt sei. Obwohl sich die meisten Mitglieder dafür aussprachen, gelang es bis zu meinem Ausscheiden nicht, das Projekt zu transferieren.

8.1.9 Laufendes Controlling

Die inhaltliche Umsetzung des Projektes mit dem Ziel der Implementierung von Mediation ließ sich in drei Teilziele mit jeweils mehreren Subzielen untergliedern:

(1) Konfliktbearbeitung und Mediation

- konkrete inhaltliche Mediationstätigkeit
- Konfliktberatung und Coaching

(2) Interne Vermarktung der Mediation

- Präsentationen und Vorträge in verschiedenen Organisationseinheiten
- Artikel in der Mitarbeiterzeitschrift, Beantwortung von Anfragen und Mails, Kommunikation mit relevanten Interessensgruppen
- Überzeugungsarbeit und Lobbying bei Verantwortlichen im Unternehmen;

(3) Aufbau einer internen Struktur zur Konfliktbearbeitung

- Zusammenstellen und Erweitern des Mediatorenteams
- Kollegiale Supervision und Coaching
- inhaltliche Managementarbeit (Berichte, Auswertungen, Information,…)

Diese Ziele waren ausreichend konkretisiert, sodass wir sie auch mit Messgrössen versehen konnten (Anzahl der erfolgreich bearbeiteten Mediationsfälle im Vergleich zu den abgebrochenen Fällen, Anzahl der durchgeführten Präsentationen, Resonanz im Unternehmen zum Projekt, etc.). Diese Kennzahlen wurden in ein laufendes Reporting-System gegossen, welches in regelmäßigem Abstand, in unserem Fall ein Mal pro Jahr, dem Auftraggeber vorgelegt wird.

8.2 Einführung von Mediation in einem Spital

8.2.1 Vorgeschichte des Projekts

Im Jahr 2004 wurde ich gebeten, das Team der internen Mediatoren eines Spitals zu supervidieren. Ich erlebte auf diese Weise die spannende Phase der Entstehung und Entwicklung eines unternehmensinternen Konfliktmanagementsystems mit. In dem genannten Spital waren an fünf Standorten insgesamt 7.400 Personen beschäftigt.

Die Arbeit im Krankenhaus ist bereits im Routinebetrieb sehr anspruchsvoll und belastend und lässt daher eine professionelle Unterstützung des Personals durch geschulte Personen sinnvoll erscheinen. Die zusätzlich zu bewältigenden organisatorischen Veränderungen (permanente Einsparungsnotwendigkeiten, steigende Patientenanforderungen und dergleichen mehr) setzen das System und die handelnden Personen verschiedenartigen Anforderungen aus.

Dass die Funktionstüchtigkeit der Organisation trotz dieser hohen Anforderungen sichergestellt werden kann, ist der besonderen Leistung der in ihr beschäftigten Menschen zu verdanken. Leider gibt es in vielen Fällen hohe Reibungsverluste und Konflikte durch wenig funktional durchdachte Arbeitsabläufe, unklare Regelungen, manchmal schlicht durch Missverständnisse. Diese Defizite müssen durch informelle Informationsleistungen der Mitarbeiter ausgeglichen werden. Das ist mit zusätzlichem Aufwand und in der Folge mit Unzufriedenheit verbunden, was sich wiederum in konflikthaften Arbeitsbeziehungen ausdrückt, seine Wurzeln aber oft in Organisationsdefiziten hat. Charakteristisch ist daher die Tendenz zu einer permanenten Überforderung der Beschäftigten. Die meisten Krankenhäuser vollbringen ihre Organisationsleistungen überproportional zu Lasten der handelnden Personen, häufig noch mit ungleicher Belastungsverteilung zwischen Berufs- und Statusgruppen.[54]

---

[54]Grossmann und Scala (1997).

Die beschriebene Situation führte auch in diesem Spital immer wieder zu Spannungen und Konflikten, die in manchen Fällen dramatische Konsequenzen hatten. In einem Fall führte ein Streit zwischen Oberärztinnen um die Zuständigkeit für einen Patienten zu schweren Komplikationen. Der Tod des Patienten konnte erst in letzter Minute abgewendet werden. Unter dem Eindruck dieses Vorfalles und entsprechend den Vorgaben des Leitbildes entschloss sich der Vorstand, zu Beginn des Jahres 2004 das Projekt „Einführung unternehmensinterner Mediation im Spital" zu beauftragen.

Zentrale Bezugsgröße für die Handlungen und Entscheidungen des Managements sind das Unternehmensleitbild und die Unternehmensstrategie. Dazu gehört die Aussage „Wir sind täglich um Achtung, Toleranz, Vertrauen, Optimismus und Zusammenarbeit bemüht. Wir sind offen für Innovationen."[55] Diese Aussage wird in den acht strategischen Hauptaussagen konkretisiert. Darin heißt es: „Der respektvolle Umgang mit Patienten und Mitarbeitern und die sorgsame Beachtung der Umwelt bedeuten Herausforderung und Verpflichtung. ... Es ist müßig, von einer solchen Vielzahl von Mitarbeitern in unterschiedlichen Berufen die primäre Orientierung am Patientenwohl als oberste strategische Hauptzielrichtung zu erwarten, wenn sie andererseits in der täglichen Arbeitswelt nicht ein Mindestmaß an Respekt und Achtung im Umgang mit den Arbeitskollegen, ihren Vorgesetzten und ihren untergebenen Mitarbeitern erleben und ausüben."

Dieses Leitbild zeigt, welche Bedeutung das Management der Mitarbeiterzufriedenheit und dem Betriebsklima beimisst. Dazu gehört natürlich als wesentlicher Baustein der Umgang mit Spannungen, Differenzen und Konflikten.

Dadurch wurden die Voraussetzungen zur Einführung von Mediation zur Konfliktbearbeitung und -lösung geschaffen.

8.2.2 Konzeptphase; Steuerungsgruppe; Ausbildung von internen Mediatoren

In dem untersuchten Krankenhaus war Konfliktmanagement nach Aussage des Personalleiters immer schon ein Thema, dem erhöhte Aufmerksamkeit geschenkt wurde, und wo aktiv nach Möglichkeiten gesucht wurde, Spannungen besser, effizienter und schneller zu lösen. Konflikte unter Mitarbeitern, zwischen Vorgesetzten und Mitarbeitern, zwischen Abteilungen oder Bereichen eines Krankenhauses oder zwischen Krankenhausträger und Spital stellen neben anderen negativen Begleiterscheinungen wie Verlust an Arbeitsfreude und Leistungsbereitschaft, Vergeudung von Ressourcen und dergleichen auch ein Gefahrenpotenzial für Patienten bzw. den Ruf des Krankenhauses oder einer Abteilung dar. Medienberichte über tatsächlich oder vermeintlich aufgetretene Mängel in der Patientenversorgung, die tatsächlich in einer destruktiven Austragung von Sach- und Beziehungskonflikten zwischen

---

[55] aus dem Leitbild des Spitals.

Mitarbeiterinnen oder Führungskräften wurzeln, können den Ruf eines Spitals nachhaltig schädigen. Mediation ist in vielen Fällen ein geeignetes Instrument zur rechtzeitigen Bearbeitung von Konfliktsituationen.

Im Zuge dieser Überlegungen ermöglichte man drei Mitarbeitern des Unternehmens eine Mediationsausbildung zu beginnen. Nach Abschluß der Ausbildung beschlossen diese Kolleginnen, ihr Know-How in den Dienst des Unternehmens zu stellen und intern Mediationen anzubieten. Dies war ihnen ein Anliegen, weil sie auch in ihrer eigenen beruflichen Tätigkeit im Unternehmen ständig mit Spannungen zu tun hatten, welche mit den vorhandenen Instrumenten kaum oder gar nicht gelöst werden konnten.

Zu diesem Zweck wurde ein Arbeitskreis mit dem Namen „Arbeitskreis zur Einführung unternehmensinterner Mediation" gegründet. Dieser sollte zunächst die Möglichkeiten und Chancen sowie die möglichen Schwierigkeiten und Probleme bei der Einführung von Mediation im Unternehmen sondieren.

8.2.3 Analyse

Eine systematische Datensammlung zum Thema Konflikte im Krankenhaus fand nicht statt. Für die Initiatoren sowie die beteiligten Personen genügte zunächst allein die Tatsache, dass eine Vielzahl an Konflikten vorhanden war, um aktiv zu werden. „Es gab keine Vorbereitungsaktivitäten. Wir haben keine Analyse durchgeführt, denn der Bedarf nach Konfliktmanagement ist evident. Es gibt fast täglich Situationen, in denen wir Konfliktmanagement benötigen" sagte eine beteiligte leitende Krankenschwester.

In dieser Organisation zeigte sich, dass Mitarbeiterinnen des Unternehmens oft gut Bescheid wissen, wo der Schuh drückt und wo Handlungsbedarf besteht. Deshalb wurde in diesem Fall das Risiko eingegangen, auf eine detaillierte Analyse zu verzichten. Wenn man allerdings die Mitarbeitersicht zur Handlungsmaxime erhebt, besteht das Risiko, dass man an den Anforderungen der Unternehmensführung vorbei agiert und dadurch die Unterstützung des Managements verliert.

Im Zuge des Projekts wurden vereinzelt Seminare zum Thema Konfliktmanagement und Mediation angeboten. Als Trainerinnen fungierten die internen Mediatoren selbst. Die Seminare fanden regen Zuspruch durch Angestellte des Spitals aller Berufsgruppen und Hierarchiestufen.

8.2.4 Information und interne Vermarktung

Die Information des gesamten Spitals erfolgte in diesem Fall nur sehr rudimentär. Bis auf die Erstellung eines Folders, der Einrichtung einer e-mail Adresse und einer Intranet – Website und der Durchführung von einigen wenigen Vorträgen wurden keine aktiven Informationsmaßnahmen gesetzt.

Ein Mehr an Information oder „Public Relations" war in der Startphase des Projekts nicht erforderlich. Das Angebot und die Durchführung der internen Mediation wurde von Anfang an gut angenommen, dass die Mundpropaganda alleine bereits nach kurzer Zeit für eine gute Auslastung aller Mediatorinnen sorgte. Sie klagten darüber, dass sie ihre organisatorischen Aufgaben vernachlässigen mussten und für Werbung und Information kaum Zeit blieb.

Das Pilotprojekt war sogar so erfolgreich, dass nach Abschluß der ersten Phase die Mediatoren per Vorstandsbeschluss die Berechtigung erhielten, zukünftige Mediationen außerhalb der Normalarbeitszeit durchzuführen und sie dem Unternehmen gesondert in Rechnung zu stellen. Dieses Zugeständnis stellt eine besondere Aufwertung und Legitimation der Mediation dar und zeigt, wie wichtig sie mittlerweile für das Unternehmen geworden ist. Andererseits birgt dieser Umstand die Gefahr, dass die Anonymität der Mediation und somit der Medianden gefährdet wird, denn Geldflüsse sind in Unternehmen nachverfolgbar, und somit könnte herausgefunden werden, wo eine Mediation stattgefunden hat.

Ein weiterer Schritt war ein offizielles Rundschreiben von der Geschäftsführung über das Angebot der internen Mediation an alle Mitarbeiterinnen. Darüber hinaus wurden Artikel über Mediation in der Mitarbeiterzeitschrift publiziert.

8.2.5 Durchführung von Mediation und kollegiale Supervision

Von Beginn an wurde die interne Mediation im Spital gut angenommen. Anfragen, an die Personalabteilung oder den Betriebsrat wurden, wenn sie Konflikte betrafen, an das Mediationsteam weitergeleitet. Dort wurde entschieden, wie mit der Problemstellung weiter zu verfahren sei. Ein eigenes Prozessmodell wurde erarbeitet um das Vorgehen des Teams im Falle einer Anfrage transparent zu machen (siehe Abb. 8.1).

Wurde entschieden, dass in dem jeweiligen Fall eine Mediation angebracht sei, dann wurden zuerst Vorgespräche mit den Betroffenen geführt. Im Falle der Autragserteilung durch die Beteiligten konnte die Mediation beginnen.

Die bearbeiteten Fälle reichten von Konflikten im Pflegebereich über Differenzen in der Verwaltung, Spannungen oder Rivalitäten zwischen Ärzten bis hin zu Abteilungskonflikten oder auch Problemen zwischen Ärzten und Schwestern. Die meisten Konflikte konnten erfolgreich bearbeitet werden.

Einmal pro Monat durfte ich das Mediatorenteam supervidieren. Dabei konnten eine Reihe von für die Mediation relevanten Fragestellungen, zum Beispiel was sind die Grenzen der internen Mediation, welche Themen sind verhandelbar und welche nicht, bearbeitet werden.

8.2.6 Verankerung in der Organisation

Das Projekt wurde von den Mitgliedern des Arbeitskreises operativ gesteuert. Auftraggeber war der Personalleiter. Die Projektleitung wurde durch die drei genannten Mediatoren in Personalunion wahrgenommen, wobei Entscheidungen konsensual getroffen wurden. Als weitere Mitglieder des Arbeitskreises wurde ein Vertreter der Personalentwicklung, eine Person aus dem Qualitätsmanagement, ein Vertreter der Ärzteschaft sowie ein Betriebsrat nominiert.

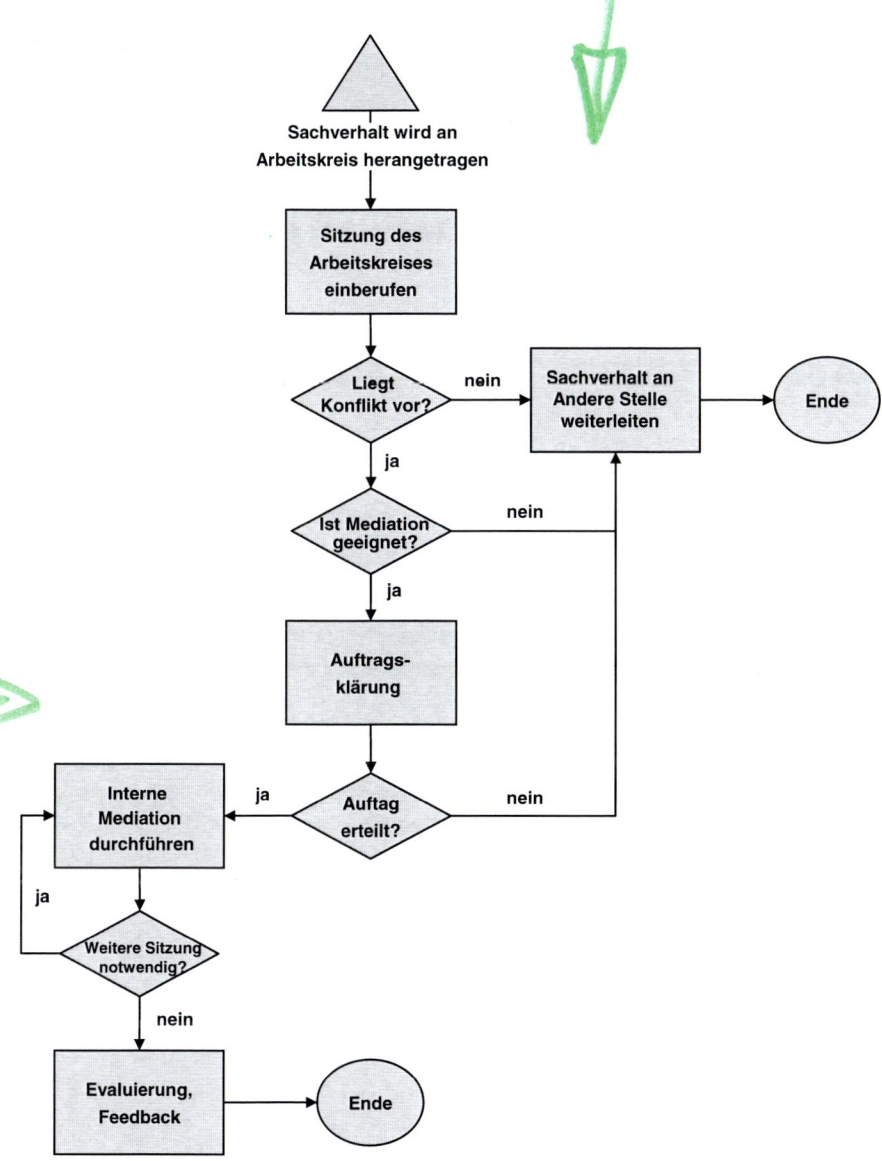

Abb. 8.1 Prozessablauf Anfrage interne Mediation (Beispiel)

Die Projektleitung berichtete in unregelmäßigen Abständen an den Auftraggeber sowie an die Mitglieder des Arbeitskreises. Eine bedeutende Schnittstelle hinsichtlich der Aufgabenteilung bestand zur Personalentwicklung. Daher wurde diese Schnittstelle auch ausdrücklich definiert: „. . . Eine Verbindung zur Personalentwicklung gibt es dann, wenn Mediation nicht das richtige Instrument für die jeweilige Problematik ist und andere Interventionen wie z.B. Coaching oder Supervision

sinnvoller wären oder dem Mediationsprozess nachfolgen sollen, wie Teambeglei-
tung. In diesen Fällen wird eine Abstimmung mit der Stelle für Personalentwicklung
vorgenommen."

Damit ein (Veränderungs-) Projekt innerhalb eines Systems dauerhaft wirksam
werden kann, das war den Beteiligten klar, muss es in die formale Struktur der Organisation Eingang finden. Das bedeutet, es muss im Organigramm abgebildet werden
und über finanzielle sowie personelle Ressourcen verfügen. Es verändert somit seinen Charakter von einem (zeitlich begrenzten) Projekt zu einem (dauerhaften) Teil
der Organisation.

In dem Spital wurde daher schließlich eine interne Mediationsstelle als Stabsstelle bei der Personalabteilung dauerhaft eingerichtet.

8.2.7 Laufendes Controlling

Der Arbeitskreis definierte folgende Zielsetzung: Gesamtziel ist, unternehmensinterne Mediation im Krankenhaus so zu implementieren, dass dieses Instrument
von Führungskräften und Mitarbeiterinnen barrierefrei genutzt werden kann, um
Konfliktkonstellationen rechtzeitig zu erkennen und bearbeiten zu können. Mit der
systematischen Nutzung des Instrumentes Mediation wird auch ein Beitrag zur
Kulturveränderung im Umgang mit den Mitarbeitern geleistet.

Durch die Mediation sollen Spannungen und Konflikte bearbeitet und gelöst werden, die durch kommunikative Missverständnisse, Stresssituationen, mangelhafte
organisatorische Regelungen und dergleichen hervorgerufen werden. Die Mediation soll helfen, Probleme aufzuarbeiten, Kommunikation zu fördern, einseitige
Machtausübung zu verhindern und Konflikte einvernehmlich zu lösen.

Die genannten Zielsetzungen wurden in vier Arbeitspakete unterteilt:

- Erstellung und Bewertung einer Prozessstruktur für unternehmensinterne Mediation innerhalb des Spitals
- Information der Führungskräfte in der Organisation über Andwendungsbereich
  und Nutzen unternehmensinterner Mediation
- Start einer Pilotphase, in der unternehmensinterne Mediation aktiv angewendet wird
- Erarbeitung einer Empfehlung für die zukünftige Vorgehensweise

Die Arbeitspakete wurden im Detail folgendermaßen definiert:

- Erstellung und Bewertung einer Prozessstruktur für unternehmensinterne Mediation innerhalb des Spitals:
  Die Erstellung einer Prozessstruktur dient dazu, den Prozess (Ablauf) der
  Mediation in das Gesamtsystem der Strukturen und Abläufe im Krankenan-
  staltenverbund einzubetten. Auf diese Weise werden die Schnittstellen und der
  Leistungsumfang definiert sowie Kundinnen, Lieferanten und relevante Umwelten abgebildet. Dadurch wird der Prozess strukturell abgesichert und formal

legitimiert. Innerhalb dieser Prozessstruktur wird festgelegt wie der Zugang zu unternehmensinterner Mediation im Krankenhaus erfolgt, wie ein Mediationsverfahren abläuft, welcher Aufwand und welche Mittel dafür erforderlich sind.

• Information der Führungskräfte im Unternehmen über Anwendungsbereich und Nutzen unternehmensinterner Mediation

Die Information der Führungskräfte erfolgt über mehrere Kanäle: Verteilung von Info-Material (Folder, etc.); Erstellung einer Mediations-Web-Plattform (Info-Forum, usw.); Informationsveranstaltungen für Betriebsdirektoren, ärztliche Direktorinnen, Pflegedirektoren, Oberschwestern und den Zentralbetriebsrat sowie innerhalb von Direktionssitzungen und bei der nächsten Führungskräfteklausur; Information in der Mitarbeiterzeitschrift.Dadurch wird ein Top-Down Prozess zur Information und Aufklärung über die innerbetriebliche Mediation gestartet, der mittelfristig auf das gesamte Unternehmen ausgeweitet werden soll.

• Start einer Pilotphase, in der unternehmensinterne Mediation aktiv angewendet wird

Die Pilotphase, in der unternehmensinterne Mediation aktiv angewendet wird, war zum Zeitpunkt der Untersuchung bereits in vollem Gange. Das Mediatorenteam hatte mehrere Mediationsverfahren schon erfolgreich abgewickelt. Der Ablauf einer Mediation geht folgendermaßen vor sich: Zunächst werden Anfragen, die an den Arbeitskreis herangetragen werden von den drei Leiterinnen hinsichtlich ihrer Mediierbarkeit geprüft. Ist Mediation nicht das geeignete Verfahren für die jeweilige Problematik und sind andere Interventionsformen wie z.B. Coaching oder Supervision sinnvoller, dann wird gemeinsam mit der Stelle für Personalentwicklung entschieden, wie weiter verfahren werden soll. Handelt es sich um einen Mediationsfall, dann wird mit der Mediation begonnen, wobei meist zu zweit (Co-Mediation) gearbeitet wird. Die Co-Mediation wird von den Mediatoren gegenüber der Einzelmediation klar bevorzugt. Vor Beginn der Mediation wird vom Auftraggeber ein schriftlicher Mediationsauftrag erteilt. Darin wird insbesondere die Vereinbarung festgehalten, dass der Auftraggeber während des Verfahrens keinerlei Informationen erhält. Nach Beendigung der Mediation erhält der Auftraggeber ein mit den Teilnehmerinnen abgestimmtes Resümeeprotokoll. In der ersten Sitzung wird mit den Medianden eine Mediationsvereinbarung abgeschlossen. Hier wird vor allem die Verschwiegenheit der Mediatoren sowie die Freiwilligkeit und die Eigenverantwortlichkeit der Medianden hervorgehoben.

• Erarbeitung einer Empfehlung für die zukünftige Vorgehensweise.

Schließlich soll ein Vorschlag für die zukünftige Vorgehensweise erarbeitet werden. Dies beinhaltet einen Abschlußbericht und soll letztendlich die Grundlagen für die Weiterentwicklung der Mediation im Krankenhaus schaffen.

Um den Prozess strukturell abzusichern wurde eine Prozessstruktur (siehe Abb. 8.1) erarbeitet. Dieses Prozessmodell wurde in weiterer Folge mit Kennzahlen hinterlegt, wie zum Beispiel (Normal-)Dauer des Prozesses, Inanspruchnahme von Ressourcen, anfallende Kosten und dergleichen. Diese Kennzahlen wurden anschließend den Ergebnissen aus der Evaluation gegenübergestellt. Auf diese Weise ließ sich ein Soll-Ist Vergleich erstellen und eine Aussage darüber treffen, ob das Verfahren seine Ziele erreicht und wo Verbesserungspotenziale bestehen.

Resümee

„Je mehr man darüber nachdenkt desto mehr wird einem bewusst, dass Konflikt und Kooperation nicht separate Dinge, sondern Phasen eines Prozesses sind, der immer etwas von beidem beinhaltet"[56]

Die Mediation hat sich als Verfahren zur Bearbeitung von Konflikten in Organisationen wie auch auf anderen Gebieten bewährt. Damit ist jedoch das Potenzial der Mediation bei weitem noch nicht ausgeschöpft. Dieses besteht darin, eine völlig neue Form der Bearbeitung von Problemen zu ermöglichen.

Die konventionelle Form der Herangehensweise an Probleme besteht darin, eine Analyse durchzuführen, nach Ursachen zu suchen und schließlich durch deren Beseitigung das Problem zu lösen.

Diese Vorgehensweise stößt dann an ihre Grenzen, wenn die Problemstellungen zunehmend komplex sind, sodass direkt steuerndes Eingreifen nicht zu dem gewünschten Erfolg führt. Insbesondere bei Konflikten ist die Suche nach Ursachen fatal, weil sie in der Regel zu Schuldzuweisungen und damit zur Eskalation führt. Wer eine Ursache identifiziert hat, der kann auch jemanden verantwortlich machen. Der Betroffene muss sich rechtfertigen und sich um eine Gegendarstellung bemühen. Auf diese Weise verhärten sich die Fronten und der Konflikt nimmt seinen Lauf.

Mediation funktioniert nach einer völlig anderen Logik. Es geht nicht darum, vergangenheitsorientiert Probleme zu analysieren, sondern darum zukunftsorientiert Lösungen zu entwerfen. Die Mediation hat insbesondere im Hinblick auf die fortschreitende Dynamisierung der Arbeitswelt ein großes Potenzial, auf immer mehr Problemstellungen angewendet zu werden. Es ist daher wünschenswert, die Selbstbeschränkung der Mediation auf die Bearbeitung von Konflikten zu überwinden und sie auf andere Problemstellungen anzuwenden, beispielsweise auf den gesamten Themenkomplex der Kooperation. Denn Konflikt und Kooperation sind zwei Seiten der gleichen Medaille.

Das Management von Netzweken und Kooperationsbeziehungen, ist ein solcher Bereich. Das Netzwerk wird zunehmend die zentrale Metapher der wirtschaftlichen Zusammenarbeit. Nicht im Alleingang, sondern nur durch die Wahl und Pflege

---

[56]Charles H. Cooley in Coser (1956).

S. Proksch, *Konfliktmanagement im Unternehmen*,
DOI 10.1007/978-3-642-12223-1, © Springer-Verlag Berlin Heidelberg 2010

des richtigen Netzwerkes lässt sich in Zukunft Markterfolg aufbauen. Dort wo hierarchische Steuerung versagt, wo immer mehr die Koordination durch Netzwerkstrukturen notwendig wird, dort muss die konventionelle Herangehensweise an Problemsituationen immer mehr durch zukunftsorientierte Verfahren wie Mediation ergänzt oder ersetzt werden.

Mancher könnte sich an dieser Stelle fragen: genügt hier nicht einfach solides Projektmanagement? Die Antwort ist nein, weil die Kooperationsbeziehung insbesondere eine bewusste Gestaltung der Beziehungsebene erfordert. Das kommt im Projektmanagement kaum vor, ist aber eine der besonderen Stärken der Mediation.

Weitere Bereiche sind Unternehmensgründung sowie Unternehmensübergabe. Beides geht zwangsläufig mit Differenzen und Spannungen einher, die in der Mediation konstruktiv bearbeitet und gelöst werden können. Die Aufzählung ließe sich beliebig fortsetzen.

Ich bin überzeugt, dass sich die Mediation durchsetzen wird. Dazu bedarf es Menschen, die den Mut haben, Mediation in neuen Situationen anzuwenden und solche, die das Vertrauen haben, sich dem Verfahren der Mediation zu stellen, auch wenn der Ausgang offen und ungewiss ist.

Anhang: Checklisten

Leitfragen Auftragsklärung Einzelinterview

Fragen zur Problemstellung

- Weshalb haben Sie uns beauftragt? / Wie sind Sie auf uns gekommen?
- Worin besteht aus Ihrer Sicht der Konflikt/ das Poblem?
- Welche Personen sind am Konflikt beteiligt?
- Was ist Ihr Anliegen / Ihr Interesse?
- Was erwarten Sie von uns?
- Besteht die Bereitschaft, sich dem Konflikt zu stellen bzw. ihn zu lösen?
- Welche Rahmenbedingungen spielen eine Rolle?
- Wer soll die Mediation durchführen?
- Was könnte die Ursache des Konfliktes sein?
- Können Sie uns konkrete Begebenheiten nennen?
- Wann haben Sie den Konflikt zum ersten Mal bemerkt oder wann hat Sie das Problem zum ersten Mal irritiert?
- Wie würde die andere Seite den Konflikt beschreiben?
- Gibt es jemanden, der von diesem Konflikt einen Nutzen hat?
- Was wurde schon versucht, um den Konflikt zu lösen?
- Worauf müssten wir in der Mediation besonders achten bzw. woran könnte die Mediation scheitern?
- Was passiert, wenn nichts passiert?
- Wenn Sie sich vorstellen, es ist ein halbes Jahr vergangen; woran würden Sie erkennen, dass die Mediation ein Erfolg war?

Organisatorische Fragen/Rahmenbedingungen

- Wann soll die Mediation stattfinden?
- Wo soll die Mediation stattfinden? (in der Firma oder an einem externen Ort?)
- Wer sollte daran teilnehmen?
- Durch wen erfolgt die Erstinformation der Betroffenen? (In der Regel durch den Auftraggeber)
- Sind weitere Einzelgespräche notwendig?

Das Mediationsverfahren

(1) Prä – Mediationsphase
(Einzel-) Vorgespräche, Konfliktanalyse, Vorbereitung der gemeinsamen Sitzungen;
(2) Rahmenphase
Small Talk & Einstieg, Anliegen der Medianden darstellen lassen, Zielsetzung der Mediation klären und vereinbaren, Rolle des Mediators deutlich machen, Grundsätze des Verfahrens darstellen, eventuell Gesprächsregeln aufstellen;
(3) Themensammlung
Inhaltliche Themen sammeln, Priorisieren;
(4) Konfliktbearbeitung
Darstellung des Problems aus der Sicht des jeweiligen Partei. Von Positionen zu Interessen und Bedürfnissen. Verstehen und Verständnis fördern;
(5) Lösungssuche
Brainstorming möglicher Lösungen, Herausfiltern der bevorzugten Lösung, Überprüfung der Lösung;
(6) Vereinbarung
Ausformulierung der gefundenen Vereinbarung, Abschluss(-ritual);
(7) Post – Mediationsphase
Transfer der Vereinbarung in die Praxis sicherstellen, Follow-Up Sitzung terminisieren;

Fall-Nachbesprechung und Qualitätssicherung

Die Fall-Nachbesprechung sollte in etwa 3–6 Monate nach der Mediation in Einzelgesprächen mit den Medianden durchgeführt werden.

1. Ist die Mediation zu Ihrer Zufriedenheit verlaufen?
2. Was waren die positiven Effekte der Mediation?
3. Gab es auch negative bzw. nicht wünschenswerte Effekte, die sich auf die Mediation zurückführen lassen?
4. Ist noch etwas offen geblicbcn?
5. Gibt es etwas, das aus Ihrer Sicht anders hätte ablaufen sollen?
6. Gibt es sonst noch etwas, das Sie in diesem Zusammenhang noch sagen wollen?

Mediationsvertrag (Muster)[57]

(1) Die Beteiligten möchten eine Mediation zum Thema .... durchführen.

(2) Das gemeinsame Ziel ist, eine Vereinbarung zu erarbeiten, worin möglichst alle streitigen Punkte einer zufriedenstellenden Lösung für alle Beteiligten zugeführt werden.

(3) Die Beteiligten werden an der Mediation in eigener Sache bzw. für ihr Unternehmen teilnehmen und selbst für ihre Interessen eintreten. Sie werden erforderlichenfalls für ihre rechtliche Beratung selbst sorgen. Das Mediationsteam wird die Beteiligten dabei unterstützen, selbst an einer für sie passenden Lösung zu arbeiten und zu einem gemeinsamen Ergebnis zu führen. Dieses wird folglich auch von den Beteiligten selbst verantwortet.

(4) Es wird größtmögliche Offenheit in allen relevanten Fragen vereinbart. Insbesondere verpflichten sich die Beteiligten, während der Zeit der Mediation keine wie immer gearteten Veranlassungen zu treffen, welche eine zukünftige gemeinsame Lösung beeinflussen oder präjudizieren könnte.

(5) Die Beteiligten stellen fest, dass das Mediationsthema derzeit nicht gerichtsanhängig ist. Die Parteien verpflichten sich, für die Dauer der Mediation keine gerichtlichen Schritte aktiv herbeizuführen.

(6) Die Teilnahme der Beteiligten an der Mediation ist freiwillig. Jede/r der Beteiligten kann jederzeit von der Mediation zurücktreten. Die Beteiligten verpflichten sich, im Fall eines geplanten Rücktritts die anderen Beteiligten und das Mediationsteam in einer letzten gemeinsamen Sitzung über ihre Beweggründe aufzuklären. Auch das Mediationsteam kann seine Vermittlungstätigkeit jederzeit einstellen.

(7) Für die einzelnen Sitzungen werden gemeinsam Termine vereinbart, an denen grundsätzlich alle Beteiligten teilnehmen. Sollte einer der Beteiligten zu einem vereinbarten Termin unerwartet verhindert sein, so wird er die anderen sowie das Mediationsteam frühestmöglich darüber informieren und um einen Ersatztermin bemüht sein.

(8) Außerhalb der Mediationssitzungen werden die Beteiligten mit dem Mediationsteam lediglich organisatorische Fragen besprechen. Inhaltliche Fragen sind ausschließlich Gegenstand der gemeinsamen Mediationssitzungen, es sei denn, dass andere Abmachungen mit allen Beteiligten getroffen werden.

(9) Die Inhalte der Mediationsgespräche sind streng vertraulich und dienen ausschließlich der Erarbeitung einer gemeinsamen einvernehmlichen Lösung. Informationen an Dritte werden nur im ausdrücklichen Einvernehmen aller Beteiligten weiter gegeben. Das Mediationsteam unterliegt von Berufs

---

[57]Mediationsvertrag Muster von Trialogis

wegen einer völligen Verschwiegenheitspflicht, diese gilt auch für etwaige Behördenverfahren, Gerichtsverfahren etc.

(10) Das Ergebnis der Mediation kann auf Wunsch der Beteiligten in einer schriftlichen Übereinkunft festgehalten werden. Zur Verfassung einer rechtlichen Vertragsform bedarf es eines Anwaltes oder Notars. Ein solcher müsste im Bedarfsfall von den Beteiligten einvernehmlich beauftragt werden, auf Basis der Vereinbarung ein entsprechendes Schriftstück zu erstellen.

(11) Die Mitglieder des Mediationsteams sind nicht berechtigt, Beratung, insb. rechtliche Beratung zu erteilen. Die Beteiligten bestätigen, vom Mediationsteam auf die Wichtigkeit rechtlicher Beratung in Zusammenhang mit der Mediation hingewiesen worden zu sein. Sie haben entsprechende Beratung bereits eingeholt oder werden entsprechende Beratung rechtzeitig einholen. Ferner wurden die Beteiligten darauf hingewiesen, dass die Durchsetzbarkeit eines Mediationsergebnisses einer geeigneten rechtlichen Form bedarf.

(12) Als Ort für die Mediationsgespräche wird .... vereinbart.

(13) Die Mediationskosten betragen € x.-

Wir erklären uns mit diesem Mediationsvertrag einverstanden.
Unterschriften

Europäischer Verhaltenskodex für Mediatoren[58]

Kompetenz und Ernennung von Mediatoren

Zuständigkeit

Mediatoren sind sachkundig und kompetent in der Mediation. Sie müssen eine einschlägige Ausbildung und kontinuierliche Fortbildung sowie Erfahrungen mit Mediationstätigkeiten auf der Grundlage einschlägiger Standards oder Zulassungsregelungen vorweisen.

Ernennung

Der Mediator vereinbart mit den Parteien geeignete Termine für das Mediationsverfahren.

Der Mediator vergewissert sich hinreichend, dass er die Voraussetzungen für die Mediationsaufgabe erfüllt und dass seine Kompetenz dafür angemessen ist, bevor er die Ernennung annimmt, und stellt den Parteien auf ihren Antrag Informationen zu seinem Hintergrund und seiner Erfahrung zur Verfügung.

Bekanntmachung der Dienste des Mediators

Mediatoren können auf professionelle, ehrliche und redliche Art und Weise ihre Tätigkeit bekannt machen.

Unabhängigkeit und Unparteilichkeit

Unabhängigkeit und Objektivität

Der Mediator darf seine Tätigkeit nicht wahrnehmen bzw., wenn er sie bereits aufgenommen hat, nicht fortsetzen, bevor er nicht alle Umstände, die seine Unabhängigkeit beeinträchtigen oder zu Interessenkonflikten führen könnten oder den Anschein eines Interessenkonflikts erwecken könnten, offen gelegt hat. Die Offenlegungspflicht besteht im Mediationsprozess zu jeder Zeit.

Solche Umstände sind

– eine persönliche oder geschäftliche Verbindung zu einer Partei,
– ein finanzielles oder sonstiges direktes oder indirektes Interesse am Ergebnis der Mediation oder
– eine anderweitige Tätigkeit des Mediators oder eines Mitarbeiters seiner Firma für eine der Parteien.

---

[58]Amtliche Übersetzung des European Code of Conduct for Mediators. Die Originalversion ist abgedruckt unter http://europa.eu.int/comm/justice_home/ejn/new

In solchen Fällen darf der Mediator die Mediationstätigkeit nur wahrnehmen bzw. fortsetzen, wenn er sicher ist, dass er die Aufgabe vollkommen unabhängig und objektiv durchführen kann, sodass die vollkommene Unparteilichkeit gewährleistet ist, und wenn die Parteien ausdrücklich zustimmen.

Unparteilichkeit

Der Mediator hat in seinem Handeln und Auftreten den Parteien gegenüber stets unparteiisch zu sein und ist gehalten, im Mediationsprozess allen Parteien gleichermaßen zu dienen.

Mediationsvereinbarung, Verfahren, Mediationsregelung und Vergütung

Verfahren

Der Mediator vergewissert sich, dass die Parteien des Mediationsverfahrens das Verfahren und die Aufgaben des Mediators und der beteiligten Parteien verstanden haben.

Der Mediator gewährleistet insbesondere, dass die Parteien vor Beginn des Mediationsverfahrens die Voraussetzungen und Bedingungen der Mediationsvereinbarung, darunter insbesondere die einschlägigen Geheimhaltungsbestimmungen für den Mediator und die Parteien, verstanden und sich ausdrücklich damit einverstanden erklärt haben.

Die Mediationsvereinbarung wird auf Antrag der Parteien schriftlich niedergelegt.

Der Mediator leitet das Verfahren in angemessener Weise und berücksichtigt die jeweiligen Umstände des Falls, einschließlich einer ungleichen Machtverteilung und des Rechtsstaatsprinzips, eventueller Wünsche der Parteien und der Notwendigkeit einer raschen Streitbeilegung. Die Parteien können unter Bezugnahme auf vorhandene Regeln oder anderweitig mit dem Mediator das Verfahren vereinbaren, nach dem die Mediation vorgenommen werden soll.

Der Mediator kann die Parteien getrennt anhören, wenn er dies für nützlich erachtet.

Faires Verfahren

Der Mediator stellt sicher, dass alle Parteien in angemessener Weise in das Verfahren eingebunden sind.

Der Mediator kann das Mediationsverfahren gegebenenfalls beenden und hat die Parteien davon in Kenntnis zu setzen, wenn

– er aufgrund der Umstände und seiner einschlägigen Urteilsfähigkeit die vereinbarte Regelung für nicht durchsetzbar oder für vorschriftswidrig hält oder

– er der Meinung ist, dass eine Fortsetzung des Verfahrens aller Voraussicht nach nicht zu einer Regelung führen wird.

Ende des Verfahrens

Der Mediator ergreift alle erforderlichen Maßnahmen, um sicherzustellen, dass eine einvernehmliche Einigung der Parteien in voller Kenntnis der Sachlage erzielt wird und dass alle Parteien die Bedingungen der Regelung verstehen.

Die Parteien können sich jederzeit aus dem Mediationsverfahren zurückziehen, ohne dies begründen zu müssen.

Der Mediator kann auf Antrag der Parteien im Rahmen seiner Kompetenz die Parteien darüber informieren, wie sie die Vereinbarung formalisieren können und welche Voraussetzungen erfüllt sein müssen, damit sie vollstreckbar ist.

Vergütung

Soweit nicht bereits bekannt, gibt der Mediator den Parteien stets vollständige Auskünfte über die Kostenregelung, die er anzuwenden gedenkt. Er nimmt kein Mediationsverfahren an, bevor nicht die Grundsätze seiner Vergütung durch alle Beteiligten akzeptiert wurden.

Vertraulichkeit

Der Mediator wahrt die Vertraulichkeit aller Informationen aus dem Mediationsverfahren oder im Zusammenhang damit und hält die Tatsache geheim, dass die Mediation stattfinden soll oder stattgefunden hat, es sei denn, er ist gesetzlich oder aus Gründen der öffentlichen Ordnung zur Offenlegung gezwungen. Informationen, die eine der Parteien dem Mediator im Vertrauen mitgeteilt hat, dürfen nicht ohne Genehmigung an andere Parteien weitergegeben werden, es sei denn, es besteht eine gesetzliche Pflicht zur Weitergabe.

Glossar

Allparteilichkeit Die Allparteilichkeit ist verwandt mit der Neutralität. Der Unterschied liegt darin, dass Neutralität eine „objektive Distanz" zu den handelnden Personen und zur Problemstellung impliziert. Die Allparteilichkeit im Gegensatz dazu verlangt, für beide Konfliktbeteiligten in balancierter Weise Partei zu ergreifen. Es bedeutet auch das Aushalten der Unterschiedlichkeit der Konfliktbeteiligten. Diese Allparteilichkeit ist allerdings keine einmal erworbene, feste Haltung, sondern muss im Prozess immer wieder neu erworben und überprüft werden.[59]

Auftrag Unter Auftrag verstehe ich die in Worte zu fassenden Erwartungen, die zunächst mit dem Auftraggeber, danach mit den Konfliktbeteiligten zu erarbeiten sind. Ohne Auftrag wird keine Mediation oder andere Konfliktintervention vorgenommen.

Coaching Coaching ist die zielorientierte Beratung einer einzelnen Person zur Reflexion und Bearbeitung einer aktuellen Problemstellung. Coaching ist somit eine Interaktion von zwei Personen, wobei der Kunde Experte für sein Anliegen (Problem) und der Coach Experte für den Prozess (Fragen, Strukturierung, etc.) ist. Dieser Gleichwertigkeit der Position von Coach und Coachee (Klient/in des Coaches) kommt eine zentrale Bedeutung zu, weil der Coachingprozess als partnerschaftlicher Dialog zu verstehen ist.

Emotionale Intelligenz Das Konzept der emotionalen Intelligenz[60] besteht aus fünf Aspekten: Selbstwahrnehmung, Selbstregulierung, Empathie, Soziale Fähigkeiten und Motivation. Konfliktbearbeitung bedeutet unter anderem Beachtung, Würdigung und Handhabung der bestehenden Emotionen.

Eskalation Eskalation bedeutet die (dis-) kontinuierliche stufenweise Steigerung einer Auseinandersetzung und ihrer Auswirkungen.[61] Eine Eskalation beginnt mit einer ersten Auseinandersetzung und führ schließlich, wenn nicht der Ausstieg aus der Eskalationsspirale gelingt, zur totalen Konfrontation.

---

[59] Diez (2005).
[60] Goleman (1996).
[61] Glasl (1999).

Herkömmliche Methoden des Konfliktmanagements Herkömmliche Methoden der Konfliktbearbeitung sind solche, die Konflikte (versuchen zu) lösen, ohne sich mit dem Konfliktinhalt selbst zu beschäftigen. Darunter fallen insbesondere trennende und sachbezogene Formen der Konfliktbearbeitung.

Komplementäre Methoden des Konfliktmanagements Diese Methoden versuchen Konflikte dadurch zu lösen, dass sie die Aufmerksamkeit auf den Konflikt selbst richten und diesen durch den Einsatz unterschiedlicher Methoden zu bearbeiten. Darunter fallen insbesondere integrierende und persönenbezogene Formen der Konfliktbearbeitung.

Kompromiss Unter Kompromiss verstehe ich eine Form der Konfliktlösung, die durch Zugeständnisse bzw. Nachgeben von Seiten beider Konfliktparteien charakterisiert ist.

Konflikt Ein Konflikt ist ein zwischenmenschliches Phänomen, das durch die Verbindung eines Sachproblems mit einem Beziehungsproblem charakterisiert ist.

Konsens Der Konsens ist die Überwindung eines Konflikts durch Übereinstimmung. Er gilt als die höchste Form der Konfliktlösung. Im Konsens entsteht aus dem früheren etwas Neues, eine neue Lösung, die vorher noch nicht da war.

Mediation Mediation ist eine auf Freiwilligkeit der Parteien beruhende Tätigkeit, bei der ein fachlich ausgebildeter, neutraler Vermittler (Mediator) mit anerkannten Methoden die Kommunikation zwischen den Parteien systematisch mit dem Ziel fördert, eine von den Parteien selbst verantwortete Lösung ihres Konfliktes zu ermöglichen.[62]

Mediand Ein Mediand bzw. eine Mediandin (auch: Kunde, Klient,...) ist der/die Teilnehmer/in an einer Mediation.

Mobbing Unter Mobbing werden negative, feindselige Handlungen am Arbeitsplatz verstanden, die gegen eine Person gerichtet sind, systematisch betrieben werden und über einen längeren Zeitraum (mehr als ein halbes Jahr) ein- oder mehrmals pro Woche vorkommen.

Moderation Moderation ist eine zielorientierte Methode, die durch Strukturierung, Visualisierung und andere Techniken den Arbeitsprozess von Gruppen erleichtert. Die Moderation wird von einem neutralen Moderator bzw. einer Moderatorin durchgeführt.

Organisationsentwicklung Organisationsentwicklung (OE) ist ein langfristig angelegter Prozess zur Weiterentwicklung und Veränderung einer Organisation oder Teilorganisation. Das Ziel dieses Prozesses besteht in der gleichzeitigen Verbesserung der Leistungsfähigkeit der Organisation (Effizienz und Effektivität) und der Qualität des Arbeitslebens (Humanität). OE beschäftigt sich je nach Kontext mit strategischen, strukturellen und/oder mit kulturellen Problemstellungen.

---

[62]Zivilrechts-Mediations-Gesetz (ZivMediatG) der Republik Österreich (2003).

Teamentwicklung Teamentwicklung hat den Zweck, aus einer Gruppe von Menschen ein Team zu formen. Auf dem Weg zu diesem Ziel findet ein gruppendynamischer Prozess mit einer Vielzahl von Problemen (Machtkämpfe, Koalitionsbildung, Normenkonflikte,...) statt, der eine Gruppe lähmen oder auch sprengen kann, bevor sie ein Team wird. Im Rahmen einer Teamentwicklung wird dieser Prozess von einem professionellen Berater begleitet und unterstützt, um das Team in effizienter Form arbeitsfähig zu machen.

Supervision Supervision ist eine berufsspezifische Unterstützung eines Teams oder einer Person durch einen geschulten Supervisor zum Zwecke der Entwicklung und Vertiefung von Handlungskompetenzen. Inhalte sind Probleme, die aus beruflichen Situationen aufgrund von Mehrdeutigkeit im Erleben entstehen und für die oft eindeutige Kriterien zur Bewertung fehlen. Supervision versteht sich als Möglichkeit, gesellschaftliche, institutionelle und subjektive Bedingungen einer beruflichen Tätigkeit und deren Auswirkungen auf das professionelle Handeln bewusst zu machen.

Verstehen und Verständnis Verstehen bedeutet, einen Sachverhalt rational zu erfassen und zu begreifen. Verständnis bedeutet, eine Sache emotional nachvollziehen beziehungsweise fühlen zu können. Verstehen und Verständnis der Interessen und Bedürfnisse der Konfliktparteien sind zentrale Elemente im Konfliktmanagement auf dem Weg zu einer Lösung.

Verzeichnis der Abbildungen

Literaturverzeichnis

Baumgartner I, Häfele W (1998) OE-Prozesse. Die Prinzipien Systemischer Organisationsentwicklung. Haupt, Bern/Stuttgart/Wien

Besemer C (1999) Mediation. Vermittlung in Konflikten. Stiftung Gewaltfreies Leben, Königsfeld/Baden

Berkel K (1984) Konfliktforschung und Konfliktbewältigung. Duncker & Humboldt, Berlin

Boes C et al (2008) Sometimes you must have a conflict. Forschungsbericht des Instituts für Soziologie der Universität Wien, Wien

Bonacker T (2002) Sozialwissenschaftliche Konflikttheorien. Eine Einführung. Leske + Budrich, Opladen

Buchinger K (1988) Supervision in Organisationen. Verlag Carl Auer Systeme, Heidelberg

Coser L (1956) The functions of social conflict. Collier-Macmillan, Toronto

Diez H (2005) Werkstattbuch Mediation. Centrale für Mediation, Köln

Doppler K, Lauterburg C (1994) Change Management. Den Unternehmenswandel gestalten. Campus Verlag, Frankfurt am Main

Duss-von Werdt J (2005) Homo Mediator. Klett-Cotta, Stuttgart

Fisher C, Schoenfeldt L, Shaw J (1990) Human resource management. Houghton Mifflin, Boston, MA

French W, Bell C (1973) Organisationsentwicklung. Haupt, Bern/Stuttgart /Wien

Glasl F (1999) Konfliktmanagement. Ein Handbuch für Führungskräfte, Beraterinnen und Berater. Haupt, Bern/Stuttgart/Wien

Goleman D (1996) Emotionale Intelligenz. Carl Hanser Verlag, München/Wien

Grossmann R, Scala K (1997) Supervision in Organisationen. Juventa Verlag, Weinheim/München

Heimerl-Wagner P (1993) Organisationsentwicklung. In: Kaspter H, Mayrhofer W (Herausgeber) Organisation. Ueberreuter, Wien

Haynes J, Bastine R (1993) Scheidung ohne Verlierer. Kösel Verlag, München

Heintel P (1998) Die Welt der Mediation. Alekto Verlag, Klagenfurt

Hernstein Management Report: Konfliktmanagement. http://www.hernstein.at/page.php?&katid=460. Accessed 9 Dec 2003

Höher P, Höher F (2002) Konfliktmanagement. Konflikte kompetent erkennen und lösen. Rudolf Haufe Verlag, Freiburg/Berlin/München

Kerntke W (2004) Mediation als Organisationsentwicklung. Haupt, Bern

Kolodej C (2005) Mobbing. Psychoterror am Arbeitsplatz und seine Bewältigung. Facultas WUV, Wien

Kotter J (1998) Chaos. Wandel. Führung. Leading Change. Econ-Verlag, Düsseldorf/München

Lenz C, Mueller A (1999) Business mediation. Verlag Moderne Industrie, Landsberg/Lech

Lenz, C (2007) Die Sprache der Kooperation, unveröffentlichtes Manuskript für den Zertifikatslehrgang Wirtschaftsmediation, München

Matis H (1988) Das Industriesystem. Ueberreuter, Wien

Morgan G (2002) Bilder der Organisation. Klett-Cotta, Stuttgart

Moore C (1986): The mediation process. Practical strategies for resolving conflict. Jossey-Bass, San Francisco, CA

Neuberger O (1996) Politikvergessenheit und Politikverdrossenheit. In: Organisationsentwicklung, Vol. 1996/3

Poje C (2009) Aufbau von professionellem Konfliktmanagement in Unternehmen; Skriptum für die FH Wien, unveröffentlicht

Proksch S, Janach-Wolf G, Wurz B et al (2004) Das Ende der Eiszeit. Konfliktmanagement und Mediation in Unternehmen. Service Verlag der Wirtschaftskammer Österreich, Wien

Proksch S (2007) Die Schaffung einer nachhaltig konstruktiven Konfliktkultur in der Organisation durch Einführung von komplementären Formen des Konfliktmanagements. Dissertationsschrift, Wien

Sandner K (1990) Prozesse der Macht. Springer, Berlin

Scherer H (2007) 30 Minuten für eine gezielte Fragetechnik. Gabal Verlag, Offenbach

Schlippe A von, Schweitzer J (2002) Lehrbuch der systemischen Therapie und Beratung. Vandenhoeck & Ruprecht, Göttingen

Scholz C (1997) Strategische Organisation. Verlag Moderne Industrie, Landsberg/Lech

Schwarz G (2001) Konfliktmanagement. Konflikte erkennen, analysieren, lösen. Gabler, Wiesbaden

Wagner J, Hollenbeck J (1992) Management of organizational behavior. Prentice Hall, Upper Saddle River, NJ

Wiedermann P, Kessen S (1997) Mediation. Wenn Reden nicht nur Reden ist. Organisationsentwicklung 16(4/97):52–66

Zepke G (2005) Reflexionsarchitekturen. Evaluierung als Beitrag zum organisationalen Lernen. Verlag Carl Auer Systeme, Heidelberg